职业教育装配式建筑系列教材

装配式混凝土建筑施工技术实训教程

主　编　赵　愈　张海龙
副主编　张　巍　于　淼
参　编　杨小春　陈映海　王　帅
　　　　项　栋　张　丹　王　鑫　冯　峰

机 械 工 业 出 版 社

本书详细阐述了装配式混凝土的施工方法、施工重点及施工工艺流程。全书共4个模块、36个任务，模块1是装配式主体施工，包含15个任务，主要讲述叠合楼板安装、楼面钢筋绑扎、楼面现浇层混凝土浇筑、叠合梁施工、预制剪力墙、预制阳台施工、叠合阳台板施工、搁置式楼梯、预制钢筋混凝土柱、叠合钢筋混凝土剪力墙等内容；模块2是装配式细部节点构造，包含11个任务，主要讲述预制外墙构造缝施工、外墙缝排水管安装、后浇节点钢筋绑扎、后浇节点模板安装、后浇节点混凝土浇筑、内墙拼缝处理、预制装配式混凝土梁柱节点、大层高PC柱分段预制等内容；模块3是支撑与围护体系，包含8个任务，主要讲述独立式三脚架支撑与拆除、外挂架作业平台安装、外挂架作业平台提升、装配式临边防护、叠合墙模板支撑、叠合梁支撑、预制柱支撑等内容；模块4是预制构件的加工、运输与堆放，包含2个任务，主要讲述预制构件的加工、预制构件的运输与堆放。本书编写以装配式施工工艺和施工技术要求为核心，紧扣建筑施工质量管理、安全管理等相关内容。

本书可以作为职业院校土建类各专业的教学用书，也可作为建筑施工技术岗位的培训教材及工程技术人员的参考用书。

图书在版编目（CIP）数据

装配式混凝土建筑施工技术实训教程 / 赵愈，张海龙主编 . —北京：机械工业出版社，2021.1
职业教育装配式建筑系列教材
ISBN 978-7-111-67489-4

Ⅰ . ①装… Ⅱ . ①赵… ②张… Ⅲ . ①装配式混凝土结构 – 混凝土施工 – 职业教育 – 教材 Ⅳ . ① TU755

中国版本图书馆 CIP 数据核字（2021）第 025523 号

机械工业出版社（北京市百万庄大街 22 号 邮政编码 100037）
策划编辑：常金锋 责任编辑：常金锋
责任校对：梁 静 封面设计：鞠 杨
责任印制：常天培
固安县铭成印刷有限公司印刷
2021 年 3 月第 1 版第 1 次印刷
210mm×285mm · 5.75 印张 · 178 千字
0 001—1 500 册
标准书号：ISBN 978-7-111-67489-4
定价：35.00 元

电话服务　　　　　　网络服务
客服电话：010-88361066　机 工 官 网：www.cmpbook.com
　　　　　010-88379833　机 工 官 博：weibo.com/cmp1952
　　　　　010-68326294　金 书 网：www.golden-book.com
封底无防伪标均为盗版　机工教育服务网：www.cmpedu.com

前 言 | PREFACE

21世纪，随着社会经济、科技、文化的迅速发展和时代进步，我国建筑工业化、住宅工业化进程的加快，装配式混凝土结构的应用重新成为当前的研究热点，全国各地不断涌现出装配式混凝土结构的新技术。装配式混凝土结构作为我国建筑结构重要的发展方向之一，它不仅有利于我国的建筑工业化发展和生产效率的提高，还可以发展绿色环保建筑，并且有利于提高建筑工程质量。装配式混凝土结构可不间断地按照顺序同时完成工程的多个工序，减少了工程机械的种类和数量，大大减少了工序衔接时间，使交叉作业得以实现，同时减少了施工人员数量，提高了工作效率，降低了物料消耗，为绿色建筑、绿色施工提供了有效保障。

2017年，住房和城乡建设部印发的《"十三五"装配式建筑行动方案》提出，到2020年，全国装配式建筑占新建建筑的比例达到15%以上，其中重点推进地区要达到20%以上。装配式建筑的规模在逐年扩大，但装配式建筑人才的培养速度却不能满足要求。为了适应新形势下土木工程专业教学和装配式建筑人才培养的要求，机械工业出版社联合西安三好软件技术股份有限公司、西安建筑科技大学、沈阳建筑大学、扬州大学、重庆文理学院、广东建设职业技术学院、日照职业技术学院、贵州交通职业技术学院等企业和院校，合作编写了本套装配式建筑系列教材，具体包括《装配式建筑概论》《装配式建筑识图》《装配式建筑施工与管理》《装配式混凝土建筑施工技术实训教程》。本系列教材由常年在一线从事装配式建筑科研和实践的教师编写完成，编写人员的专业背景涉及建筑学、结构工程、建筑施工及工程管理，他们均具有丰富的教学经验。

本书由赵愈、张海龙担任主编，张巍、于淼担任副主编，参加编写的人员还有杨小春、陈映海、王帅、项栋、张丹、王鑫、冯峰。本书在编写过程中，参阅了国内外学者的有关研究成果及文献资料，在此表示感谢。本书出版得到沈阳建筑大学与西安三好软件技术股份有限公司共同完成的教育部产学合作协同育人项目（201701061013）的支持。同时，机械工业出版社的编辑为本书的出版付出了大量心血，西安三好软件技术股份有限公司为本书的出版提供了技术支持，在此一并感谢。

装配式建筑施工技术在我国的应用还处在不断发展的初级阶段，本书中可能会有一些不尽完善之处，衷心希望得到广大读者的批评和指正。

沈阳建筑大学　赵　愈

目 录 | CONTENTS

模块 2　装配式细部节点构造

模块 3　支撑与围护体系

模块 4　预制构件的加工、运输与堆放

模块1 装配式主体施工

任务1.1 叠合楼板安装

1. 学习任务

（1）掌握叠合楼板安装施工工艺流程。

（2）掌握叠合楼板安装施工的细部节点构造。

（3）了解叠合楼板安装的施工质量控制措施。

2. 预备知识

（1）叠合楼板是由预制板和现浇钢筋混凝土层叠合而成的装配整体式楼板。叠合楼板整体性好，板的上下表面平整，便于饰面层装修，适用于对整体刚度要求较高的高层建筑和大开间建筑。

装配整体式建筑的楼板可采用预制叠合楼板或现浇楼板，宜优先选用预制叠合楼板。房屋的顶层、结构转换层、平面复杂或开洞过大的楼层、作为上部结构嵌固部位的地下室楼层应采用现浇楼板结构。厨房、卫生间可采用现浇楼板。

（2）施工重点

水平预制构件安装采用临时支撑时，应符合以下规定：

① 首层支撑架体的地基应平整坚实，宜采取硬化措施。

② 临时支撑的间距及其与墙、柱、梁边的净距应经过设计计算确定，竖向连续支撑层数不宜少于2层且上下层支撑宜对准。

③ 叠合板预制底板下部支架宜选用定型独立钢支柱，竖向支撑间距应经计算确定。

3. 施工示意（图1-1）

图1-1　叠合楼板安装示意图

4. 原材料

叠合楼板、砂浆。

5. 主要施工机具

水准仪、钢卷尺、独立三角支撑、木工字梁、撬棍。

6. 主要施工流程

测量放线→安装支撑体系→吊装叠合楼板→楼板接缝处理→墙板接缝处理→自检与验收。

6.1 测量放线

使用预应力混凝土叠合板的工程在进行结构设计时，一般按单向板进行设计，即薄板部分受力主筋是按计算确定，而分布筋是按构造配置的。因此，受力状态为单向受力，否则可能会导致薄板开裂。

根据该原理，临时支撑设计时，分三步考虑：

（1）初步确定支撑最大排距 L_1。根据薄板实际配筋，计算薄板的可承受弯矩 M_1；对预应力叠合板自重及施工荷载进行组合：$G_1=1.3G_{1自}+1.5G_{1活}$；根据 $L_1 \leq (8M_1/G_1)^{1/2}$ 得出支撑最大排距 L_1。

（2）确定横肋下支撑最大间距 L_2。

① 不考虑板内分布筋的承载力。

② 根据横肋支撑木枋材料及规格确定其可承受的弯矩 M_2。

③ 对预应力叠合板自重及施工荷载进行组合：$G_2=1.3G_{1自}+1.5G_{1活}$。

④ 根据 $L_2 \leq (8M_2/G_2)^{1/2}$，确定横肋下支撑最大间距 L_2。

（3）确定立杆间距。根据上述计算结果 L_1、L_2，调整水平杆步距，并对立杆进行稳定性验算，最后确定合理、经济、便于施工的立杆间距和水平杆步距。

6.2 安装支撑体系

支撑体系采用独立式三角支撑。三角支撑架可拆卸，顶托为独立顶托。

6.3 吊装叠合楼板

楼板吊装前，应将支座基础面及楼板底面清理干净，避免点支撑；每块楼板起吊用 4 个吊点，吊点位置为格构梁上弦与腹筋交接处，距离板端为整个板长的 1/5 ~ 1/4。吊装索链采用专用索链和 4 个闭合吊钩，平均受力，多点均衡起吊，单个索链长度为 4m。

吊装时，先吊铺边缘窄板，然后按照顺序吊装剩下的板。预应力薄板吊装应对准弹线缓慢下降，避免冲击；应按设计图纸或叠合板安装布置图对号入座，用撬棍按图纸要求的支座处搁置长度轻轻地调整对线。必要时，借助塔式起重机绷紧吊绳（但板不离支座），辅以人工用撬棍共同调整长度，保证薄板之间及板与梁、墙、柱之间的间距符合设计图纸的要求，且保证薄板与墙、柱、梁的净间距大于钢筋保护层厚度。

6.4 楼板接缝处理

塞缝选用干硬性砂浆并掺入水泥用量 5%（质量分数）的防水粉。填缝材料应分两次压实填平，两次施工时间间隔不小于 6 小时。

6.5 墙板接缝处理

墙板接缝使用自粘型海绵条进行粘贴，确保混凝土浇筑时不出现漏浆的情况。

6.6 自检与验收

对叠合板构件的外形尺寸和外观质量进行检验，确保叠合板构件的长度、宽度、高度、表面平整度和预留钢筋长度符合规范要求。

7. 质量标准

（1）叠合板的预制板厚度不宜小于 60mm，现浇层厚度不应小于 60mm。

（2）叠合板的预制板搁置在梁上或剪力墙上的长度分别不宜小于 35mm 和 15mm。

（3）叠合板中，预制板板缝宽度不宜小于 40mm。板缝大于 40mm 时，应在板缝内配置钢筋，并宜贯通整个结构单元。预制板板缝、板缝梁的混凝土强度等级应高于预制板的混凝土强度等级，且不应低于 C30。

（4）叠合板中，预制板板端宜预留锚固钢筋。锚固钢筋应锚入叠合梁或者墙的现浇混凝土层中，其长度不应小于 5d，且不应小于 100mm。当板内温度、收缩应力较大时宜适当增加。

（5）预制板上表面应做成不小于 4mm 的凹凸面。

（6）当叠合板中，预制板采用空心板时，板端堵头宜留出不小于 50mm 的空腔，并采用强度等级不低于 C30 的混凝土浇灌密实。

（7）对于楼板较厚及整体性要求较高的楼盖或屋盖结构，可采用格构式钢筋叠合楼板，格构式钢筋叠合板施工可不设支撑，格构式钢筋架承担全部施工荷载。

（8）预制板成品尺寸质量检测要求见表 1-1。

表 1-1　预制板成品尺寸质量检测要求

项目		允许偏差 /mm	检验方法
长度	板	±5	钢卷尺检查
	墙板	±5	
宽度	板、墙板	0，−5	钢卷尺量一端及中部，取其中较大值
高（厚）度	板	+2，−3	
	墙板	0，−5	
侧向弯曲	板	L/1000 且 ≤ 15	拉线，钢卷尺量最大侧向弯曲处
	墙板	L/1500 且 ≤ 15	
对角线差	板	7	钢卷尺量两个对角线
	墙板	5	
表面平整度	板、墙板	3	2m 靠尺和塞尺检查
翘曲	板、墙板	L/1500	调平尺在两端量测
相邻两板表面高低差		1	

8．施工要点

（1）现浇墙、梁安装叠合板时，其混凝土强度达到 4MPa 时方可施工。

（2）叠合板上的甩筋（锚固筋）在堆放、运输、吊装过程中要妥善保护，不得反复弯曲或折断。

（3）吊装叠合板，不得采用"兜底"多块吊运。应按预留吊环位置，采用八个点同步单块起吊的方式。吊运中不得冲撞叠合板。

（4）硬架支模支架系统板的临时支撑应在吊装就位前完成。每块板沿长向在板宽取中加设通长木楞作为临时支撑。所有支柱均应在下端铺垫通长脚手板，脚手板下为基土时，要整平、夯实。

（5）不得在板上任意凿洞，板上如需打洞，应用机械钻孔，并按设计和图集要求做相应的加固处理。

（6）水平预制构件安装采用临时支撑时，应符合以下规定：

①首层支撑架体的地基应平整坚实，宜采取硬化措施。

②临时支撑的间距及其与墙、柱、梁边的净距应经过设计计算确定，竖向连续支撑层数不宜少于2层且上下层支撑宜对准。

③叠合板预制底板下部支架宜选用定型独立钢支柱，竖向支撑间距应经计算确定。

9．思考与练习

（1）什么是叠合楼板？

（2）叠合楼板的适用范围及特点有哪些？

（3）叠合楼板的施工流程是怎样的？

任务 1.2 　楼面钢筋绑扎

1. 学习任务

（1）掌握楼面钢筋绑扎施工工艺流程。

（2）掌握楼面钢筋绑扎的细部节点构造。

（3）了解楼面钢筋绑扎的施工质量控制措施。

2. 预备知识

（1）钢筋的连接方式一般有绑扎搭接、焊接连接和机械连接。钢筋绑扎的优点是在任何环境条件下均可操作，无须额外加工、安装和检测设备，施工速度较快，质量有保证。

（2）轴心受拉及小偏心受拉构件的纵向受力钢筋不得采用绑扎接头，当受拉钢筋的直径 d 大于 28mm 及受压钢筋的直径 d 大于 32mm 时，不宜采用绑扎接头。

（3）板的钢筋网绑扎，四周两行钢筋交叉点应每点扎牢，中间部分交叉点可相隔交错扎牢，但必须保证受力钢筋不位移。双向主筋的钢筋网，则须将全部钢筋相交点扎牢。采用双层钢筋网时，在上层钢筋网下面应设置钢筋撑脚，以保证钢筋位置正确。

3. 施工示意（图 1-2）

图 1-2　楼面钢筋绑扎示意图

4. 原材料

钢筋、PVC 管。

5. 主要施工机具

卷尺、墨斗、扎丝钩、粉笔。

6. 主要施工流程

布置附加筋→管线布置→布置上层钢筋→检查与验收。

6.1 布置附加筋

铺设面筋前，需要在叠合板和叠合板之间铺设附加钢筋，附加钢筋长度为 600mm，间距为 200mm，采用 ♨ 6 钢筋，长方向为 3 根 ♨ 8 通长钢筋，铺设长度为叠合板长度。

6.2 管线布置

附加钢筋安装完成后，进行水电管线的敷设与连接工作，为便于施工，叠合板在工厂生产阶段已将相应的线盒及预留洞口等按设计图纸预埋在预制板中。现场安装时也可以后开洞，宜用机械开孔，且不宜切断预应力主筋。

叠合板线盒在预制构件厂进行预埋，构件厂对线盒预埋要精确。

叠合板出厂前，线盒内混凝土应清理干净，并做好成品保护。禁止在现场进行剔凿。

楼板中敷设管线，正穿时采用刚性管线，斜穿时采用柔韧性较好的管材。避免多根管线集中预埋，应采用直径较小的管线，分散穿孔预埋。施工过程中，各方必须做好成品保护工作。

6.3　布置上层钢筋

水电管线敷设经检查合格后，钢筋工进行楼板上层钢筋的安装。

楼板上层钢筋设置在格构梁上弦钢筋上并绑扎固定，以防止偏移和混凝土浇筑时上浮。

对已铺设好的钢筋、模板进行保护，禁止在底模上行走或踩踏，禁止随意扳动、切断格构钢筋。

6.4　检查与验收

安装完成后，对钢筋进行检查验收，需要对钢筋的长度、型号、间距、搭接位置、搭接长度进行验收，确认符合规范要求。

7. 质量标准

7.1　主控项目

（1）钢筋的品种和质量符合设计要求和有关标准的要求。

（2）钢筋的规格、形状、尺寸、数量、锚固长度、接头设置必须符合设计要求和施工规范规定。

（3）剥肋滚压直螺纹连接套筒有合格证、型式检验报告、材质单，并符合规范要求。

7.2　一般项目

（1）钢筋采用剥肋滚压直螺纹连接接头，接头率不大于 50%。

（2）钢筋表面清洁、无锈蚀，丝口无损坏，无松扣、漏扣，火烧丝头伸向构件内。

（3）箍筋间距、数量应符合设计要求，弯钩角度 135°，平直长度 10d，误差控制在 ±1。

（4）钢筋绑扎允许偏差及检验方法见表 1-2。

表 1-2　楼面钢筋绑扎质量检测要求

项目		允许偏差 /mm	检验方法
绑扎钢筋网	长、宽	±10	钢卷尺检查
	网眼尺寸	±20	钢卷尺量连续三档，取最大值
绑扎钢筋骨架	长	±10	钢卷尺检查
	宽、高	±5	钢卷尺检查
受力钢筋	间距	±10	钢卷尺检查
	排距	±5	钢卷尺检查
保护层	梁	±5	钢卷尺检查
	板	±3	钢卷尺检查

8. 施工要点

（1）钢筋进场后应检查是否有出厂证明及复试报告，并按施工平面图中指定的位置，按规格、使用部位及编号分别加垫木堆放。

（2）钢筋绑扎前应检查有无锈蚀，如有锈蚀应除锈后再运至绑扎部位。

（3）熟悉施工图纸，按设计要求检查已加工好的钢筋规格、形状、数量是否正确，尺寸是否与料单相符。

（4）做好绑扎放线工作，弹好水平构件绑扎线，根据弹好的线进行排筋，检查钢筋接头位置、数量、长度、规格，如不符合设计要求应进行更正处理并及时通知管理人员。

（5）绑扎前，应先调直下层伸出的预留钢筋并将锈蚀、水泥浆等污垢清理干净，并检查梁底板标高是否符合图纸设计要求。

（6）清理模板内杂物，按要求搭设好脚手架，根据图纸要求，班组长应向组员进行细致的技术交底及分工。

9. 思考与练习

（1）钢筋绑扎接头有何规定？

（2）怎样计算钢筋下料长度及编制钢筋配料单？

（3）钢筋工程检查验收应注意哪些问题？

任务 1.3 楼面现浇层混凝土浇筑

1. 学习任务

（1）掌握楼面现浇层混凝土浇筑施工工艺流程。

（2）掌握楼面现浇层混凝土浇筑施工的细部节点构造。

（3）了解楼面现浇层混凝土浇筑的施工质量控制措施。

2. 预备知识

（1）预拌混凝土是指在搅拌站生产的、通过运输设备送至使用地点的、交货时为拌合物的混凝土。预拌混凝土作为半成品，质量稳定、技术先进、节能环保，能提高施工效率，有利于文明施工。在采用商品混凝土时要考虑混凝土的经济运距，一般以 15 ~ 20km 为宜，运输时间一般不宜超过 1h。混凝土的种类有高强混凝土、自密实混凝土、纤维混凝土、轻骨料混凝土和重混凝土等。

（2）混凝土外加剂是指在拌制混凝土过程中掺入的用于改善混凝土或强化混凝土性能的材料。外加剂能改善混凝土拌合物的和易性，减轻施工人员的体力劳动强度，有利于机械化作业；能减少养护时间或缩短预制构件的蒸养时间，加快模板周转，还可以提早对预应力混凝土的钢筋进行放张。

3. 施工示意（图 1-3）

布置钢筋　　　　　　　　　浇筑混凝土

图 1-3　楼面现浇层混凝土浇筑示意图

4. 原材料

混凝土、砂浆。

5. 主要施工机具

（1）机械：平板振动器。

（2）工具：木抹子、线绳、水管、钢卷尺、刮杠。

6. 主要施工流程

施工准备→浇筑混凝土→振捣→养护→自检与验收。

（1）泵送混凝土前，先将储料斗内清水从管道泵出，用以湿润和清洁管道，然后压入 1：2 水泥砂浆润湿管道后，即可开始泵送混凝土。

（2）混凝土运输车装运混凝土后，筒体应保持慢速转动。卸料前，筒体应加快速度转 20~30s 后方可卸料。

（3）泵车开始压送混凝土时速度宜慢，待混凝土送出管子端部时，速度可逐渐加快并转入用正常速度进行泵送。压送要连续进行，不应停顿。遇到运转不正常情况时，可放慢泵送速度。当混凝土供应不及时，需降低泵送速度。泵送暂时中断供料时，应每隔 5～10min 利用泵机进行抽吸往返推动 2~3 次，以防堵管。

（4）泵送混凝土浇筑入模时，要将端部软管均匀移动，使每层布料厚度控制在 20～30cm，不应成堆浇筑。当用水平管浇筑时，随着混凝土浇筑方向的移动每台泵车浇筑区应考虑 1～2 人看管布料杆并指挥布料，6～8 名工人拆装管子，逐步接长或逐渐拆短，以适应浇筑部位的移动。

（5）泵送混凝土入模用水平管或布料杆时，要将端部软管经常均匀地移动以防混凝土堆积、增大泵送压力而引起炸管。

（6）泵送将结束时，应计算好混凝土需要量，避免剩余混凝土过多。

（7）混凝土浇筑和振捣的一般要求：

① 浇筑混凝土应分段分层进行，每层浇筑高度应根据结构特点、钢筋疏密而定，一般为振捣器作用部分长度的 1.25 倍，最大不超过 50cm。

② 采用插入式振捣器振捣应快插慢拔。插点应均匀排列，逐点移动、顺序进行，均匀振实，不得遗漏。移动间距不大于振捣棒作用半径的 1.5 倍，一般为 30~40cm。振捣上一层时应插入下层 50mm 以消除两层间的接槎。

③ 浇筑应连续进行，如有间歇应在混凝土初凝前接缝，一般不超过 2h，否则应按施工缝处理。

（8）混凝土浇筑完毕后，应在 12h 以内加以适当覆盖、浇水养护。正常气温下，每天浇水不少于两次，同时不少于 7d。

（9）冬期浇筑混凝土，一般采用综合蓄热法，水灰比控制在 0.65 以内，适当掺加早强抗冻剂，掺量应经试验确定。当气温在 5℃以下时，应用热水搅拌混凝土，使混凝土入模温度不低于 5℃，模板及混凝土表面用塑料薄膜和棉毡进行覆盖保温，不得浇水养护。

（10）冬期混凝土试块除按正常规定组数制作外，还应增做两组试块与结构同条件养护，一组用于检验混凝土受冻前的强度，另一组用于检验转入常温养护 28 天的强度。

7. 质量标准

（1）混凝土的强度等级必须符合设计要求。用于检验混凝土强度的试件应在浇筑地点随机抽取。

检查数量：对同一配合比混凝土，取样与试件留置应符合下列规定。

① 每拌制 100 盘且不超过 100m³ 时，取样不得少于一次。

② 每工作班拌制不足 100 盘时，取样不得少于一次。

③ 连续浇筑超过 1000m³ 时，每 200m³ 取样不得少于一次。

④ 每一楼层取样不得少于一次。

⑤ 每次取样应至少留置一组试件。

检验方法：检查施工记录及混凝土强度试验报告。

（2）后浇带的留设位置应符合设计要求。后浇带和施工缝的留设及处理方法应符合施工方案要求。

检查数量：全数检查。

检验方法：观察。

（3）混凝土浇筑完毕后应及时进行养护，养护时间以及养护方法应符合施工方案要求。

检查数量：全数检查。

检验方法：观察，检查混凝土养护记录。

8. 施工要点

8.1 主控项目

（1）混凝土所用水泥、外加剂的质量必须符合规范的规定，并有出厂合格证和试验报告。

（2）配合比设计、原材料计量、搅拌、养护和施工缝处理必须符合验收规范规定。

（3）混凝土试块应按规定取样、制作、养护和试验。

（4）混凝土运输浇筑及间歇的全部时间，不应超过混凝土的初凝时间，同一施工段的混凝土应连续浇筑。

8.2 一般项目

（1）混凝土所用砂子、石子、掺合料应符合国家现行标准的规定。

（2）混凝土搅拌前，应测定砂、石含水率并根据测试结果调整材料用量，提出施工配合比。

（3）施工缝的留设位置应在混凝土浇筑前确定。

（4）混凝土浇筑完毕后，应采取有效的养护措施。

9. 思考与练习

（1）混凝土工程施工包括哪几个施工过程？

（2）混凝土浇筑的基本要求是什么？

（3）简述混凝土的冬期施工方法及注意事项。

任务 1.4 叠合梁施工

1. 学习任务

（1）掌握叠合梁施工工艺流程。

（2）掌握叠合梁施工的细部节点构造。

（3）了解叠合梁的施工质量控制措施。

2. 预备知识

（1）叠合梁是分两次浇筑混凝土的梁，第一次在预制厂做成预制梁，第二次在施工现场进行，当预制梁吊装安放完成以后，再浇捣上部的混凝土使其连成整体。

（2）采用叠合式构件，可以减轻装配构件的重量、便于吊装，同时，由于有后浇混凝土的存在，其结构的整体性也相对较好。此外，还可以减少结构构件高度，增加建筑净空。

3. 施工示意（图1-4）

图 1-4　叠合梁施工示意图

4. 原材料

叠合梁、钢筋等。

5. 主要施工机具

（1）机械：塔式起重机。

（2）工具：钢卷尺、斜支撑、独立支撑、吊线锤、撬棍等。

6. 主要施工流程

施工放线→安装梁底支撑→套梁下柱箍筋→吊装叠合梁→叠合梁加固→验收。

6.1 施工放线

根据已知楼层控制线，准确放出叠合梁的定位线。定位线要精准，满足质量要求，因为装配式结构以拼接为主，若出现较大误差，就有可能造成其他部分无法拼接对准。

6.2 安装梁底支撑

梁底支撑采用独立式三角支撑体系，支撑杆顶架设独立顶托，用工字木进行托梁。立杆间距符合规范要求，每排两根独立支撑。

6.3 套梁下柱箍筋

根据梁锚固筋长度和高度关系，柱顶需要先套1～2道箍筋，防止架上叠合梁后无法套入箍筋。柱箍筋需要加密，加密数满足规范及设计图纸要求。

6.4 吊装叠合梁

叠合梁吊装采用专用吊具，吊装路线上不得站人。叠合梁缓慢落在已安装好的底部支撑上，叠合梁端应锚入柱内 15mm。叠合梁落位后，根据楼内 500mm 控制线，精确测量梁底标高，调节至设计要求。检查叠合梁的位置和垂直度，达到规范规定的允许范围。

6.5 叠合梁加固

分别在梁侧及楼板上的临时支撑预留螺母处安装支撑底座，支撑底座安装牢固可靠，无松动现象。利用可调式支撑杆将叠合梁与楼面临时固定，每个构件至少使用两根斜支撑进行固定，并要安装在构件的同一侧，确保构件稳定后方可摘除吊钩。

7. 质量标准

（1）预制构件的质量应符合国家现行相关标准的规定和设计的要求。

检验数量：全数检查。

检验方法：检查质量证明文件和质量验收记录。

（2）专业企业生产的预制构件进场时，预制构件结构性能检验应符合下列规定。

① 结构性能检验应符合国家现行相关标准的有关规定及设计的要求，检验要求和试验方法应符合《混凝土结构工程施工质量验收规范》(GB 50204—2015) 的规定。

② 钢筋混凝土构件和允许出现裂缝的预应力混凝土构件应进行承载力、挠度和裂缝宽度检验；不允许出现裂缝的预应力混凝土构件应进行承载力、挠度和抗裂检验。

③ 对大型构件及有可靠应用经验的构件，可只进行裂缝宽度、抗裂和挠度检验。

④ 对使用数量较少的构件，当能提供可靠依据时，可不进行结构性能检验。

（3）对其他预制构件，除设计有专门要求外，进场时可不做结构性能检验。

（4）对进场时不做结构性能检验的预制构件，应采取下列措施。

① 施工单位或监理单位代表应驻厂监督制作过程。

② 对于无驻厂监督的，预制构件进场时，应对预制构件主要受力钢筋数量、规格、间距及混凝土强度等进行实体检验。

检验数量：同类型预制构件不超过 1000 个为一批，每批随机抽取 1 个构件进行结构性能检验。

检验方法：检查结构性能检验报告或实体检验报告。

注："同类型"是指同一钢种、同一混凝土强度等级、同一生产工艺和同一结构形式。抽取预制构件时，宜从设计荷载最大、受力最不利或生产数量最多的预制构件中抽取。

8. 施工要点

（1）抗震等级为一、二级的叠合框架梁的梁端箍筋加密区宜采用整体封闭箍筋；当叠合梁受扭时，宜采用整体封闭箍筋，且整体封闭箍筋的搭接部分宜设置在预制部分。

（2）当采用组合封闭箍筋时，开口箍筋上方两端应做成 135° 弯钩，框架梁弯钩平直段长度不应小于 $10d$，次梁弯钩平直段长度不应小于 $5d$。现场应采用箍筋帽封闭开口箍，箍筋帽宜两端做成 135° 弯钩，也可做成一端 135°、一端 90° 弯钩，但 135° 弯钩和 90° 弯钩应沿纵向受力钢筋方向交错设置，框架梁弯钩平直段长度不应小于 $10d$，次梁 135° 弯钩平直段长度不应小于 $5d$，90° 弯钩平直段长度不应小于 $10d$。

（3）框架梁箍筋加密区长度内的箍筋肢距：一级抗震等级，不宜大于 200mm 和 20 倍箍筋直径的较大值，且不应大于 300mm；二、三级抗震等级，不宜大于 250mm 和 20 倍箍筋直径的较大值，且不应大于 350mm；四级抗震等级，不宜大于 300mm，且不应大于 400mm。

9. 思考与练习

（1）简述叠合梁的定义。

（2）怎样保证叠合梁与叠合板连接处的施工质量？

任务 1.5　预制剪力墙（外墙）

1. 学习任务

（1）掌握预制剪力墙（外墙）施工工艺流程。

（2）掌握预制剪力墙（外墙）施工的细部节点构造。

（3）了解预制剪力墙（外墙）的施工质量控制措施。

2. 预备知识

（1）工程中常用的装配式混凝土剪力墙结构可分为全部或部分预制剪力墙结构、装配整体式双面叠合混凝土剪力墙结构和内浇外挂剪力墙结构。

（2）全部或部分预制剪力墙结构通过竖缝节点区后浇混凝土和水平缝节点区后浇混凝土带或圈梁实现结构的整体连接。这种剪力墙结构工业化程度高，预制内外墙均参与抗震计算，但对外墙板的防水、防火、保温的构造要求较高。

（3）装配式剪力墙结构的剪力墙连接面积大、钢筋直径小、钢筋间距小，连接复杂，施工过程中很难做到对连接节点灌浆作业的全过程质量监控；其关键技术在于预制剪力墙之间的拼缝连接。

3. 施工示意（图 1-5）

图 1-5　预制剪力墙（外墙）示意图

4. 原材料

砂浆、防水密封材料等。

5. 主要施工机具

（1）工具：钢卷尺、外防护架、笤帚、钢筋定位框、水准仪、镜子、靠尺等。

（2）机械：灌浆机、塔式起重机等。

6. 主要施工流程

施工放线→外防护架拆除→基层清理→钢筋校正→垫片找平→粘贴防水密封材料→墙板吊装→安装斜支撑→垂直度校准→灌浆→自检与验收。

6.1 施工放线

根据设计图纸要求在结构板上放线，将外墙板尺寸和定位线在结构板上标记出来，确保施工时外墙定位要准确。

6.2 外防护架拆除

外墙吊装前要拆除安全围栏，根据吊装情况随时拆除，不得提前拆除。拆除作业人员要系好安全带。

6.3 基层清理

吊装前，需要将外墙结合面浮尘清理干净，并做拉毛处理，保证外墙结合处灌浆时能结合牢固。

6.4 钢筋校正

套板定位时，专职测量放线员使用经纬仪和全站仪投放定位线，并用油漆做好标记，确保套板定位的准确，并及时复核放线的准确性。在施工前，将各个型号的墙钢套板逐个分门别类，并保证每个都配置一块钢套板。按照图纸尺寸在钢套板表面印刻好轴线以及轴线编号。安放时，将轴线与纵横轴线相对应，保证套板定位准确。套入钢套板后，根据钢套板的尺寸调整歪斜钢筋，保证每根钢筋都在套板内，并垂直于楼面。

6.5 垫片找平

用水准仪测量外墙结合面的水平高度，根据测量结果选择合适厚度的垫片垫在外墙结合面处，确保外墙两端处于同一水平面。

6.6 粘贴防水密封材料

上下两层外墙的保温层处，吊装前需要粘贴弹性防水密封材料。粘贴时，注意要平整顺直，粘贴牢固。

6.7 墙板吊装

（1）外墙起吊前，需要将外防护架安装到外墙板上。外防护架采用螺栓连接，连接要牢固，以保证施工安全。

（2）吊装构件前，将万向吊环和内螺纹预埋件拧紧，预制外墙板采用两点起吊，使用专用吊具。起吊时，轻起快吊，在距离安装位置 500mm 时构件停止下降。将一面小镜子放在外墙下方，以便施工人员观察外墙钢筋插孔是否对准。对准后缓缓降落，不可撞击钢筋、造成钢筋弯折。外叶墙板成企口状，与下层墙体间距为 20mm，最小接缝宽度不能小于 10mm。

6.8 安装斜支撑

分别在墙板及楼板上的临时支撑预留螺母处安装支撑底座，支撑底座要安装牢固可靠，无松动现象。利用可调式支撑杆将墙体与楼面临时固定，每个构件至少使用两根斜支撑进行固定，并要安装在构件的同一侧，确保构件稳定后方可摘除吊钩。

6.9 垂直度校准

垂直度校准采用靠尺，对垂直度不满足要求的墙体，调节斜支撑杆，确保墙体垂直度在规定范围内。

6.10 灌浆

灌浆前需要先用砂浆封堵板缝，封堵要严密，确保灌浆时不会漏浆。灌浆采用灌浆机，将下排灌浆孔用圆胶塞封堵、只留一个，插入灌浆管，进行灌浆，待浆液成柱状流出出浆孔时，封堵出浆孔。灌浆作业完成后 24h 内，构件和灌浆连接处不能受到振动或冲击作用。

7. 质量标准

（1）预制构件的外观质量不应有严重缺陷，且不应有影响结构性能和安装、使用功能的尺寸偏差。

检查数量：全数检查。

检验方法：观察，尺量；检查处理记录。

（2）预制构件上的预埋件、预留插筋、预埋管线等的规格和数量以及预留孔、预留洞的数量应符合设计要求。

检查数量：全数检查。

检验方法：观察。

（3）预制构件应有标识。

检查数量：全数检查。

检验方法：观察。

（4）预制构件的外观质量不应有一般缺陷。

检查数量：全数检查。

检验方法：观察，检查处理记录。

（5）预制构件的尺寸偏差及检验方法应符合表 1-3 的规定；设计有专门规定时，还应符合设计要求。

施工过程中临时使用的预埋件，其中心线位置允许偏差可取表 1-3 中规定数值的 2 倍。

检查数量：同一类型的构件，不超过 100 件为一批，每批应抽查构件数量的 5%，且不应少于 3 件。

表 1-3　墙板安装允许偏差

项次	项目名称	允许偏差 /mm	检验方法
1	轴线位置	3	用钢卷尺检查
2	楼层层高	±5	用钢卷尺检查
3	全楼高度	±20	用钢卷尺检查
4	墙面垂直度	5	用 2m 靠尺和水平尺检查
5	板缝垂直度	5	用 2m 靠尺和水平尺检查
6	墙板拼缝高差	±5	用靠尺和塞尺检查
7	洞口偏移	8	吊线检查

8. 施工要点

（1）在底部结构正式施工前，必须布设好上部结构施工所需的轴线控制点，所设的基准点组成一个闭合环线，以便进行复核和校正。

（2）楼层观测孔的施工放样，应在底层轴线控制点布设后，用线锤把该层底板的轴线基准点引测到顶板施工面，用此方法把观测孔位预留正确而确保工程质量。

（3）用钢卷尺工作应进行钢卷尺鉴定误差、温度测定误差的修正，并消除定线误差、钢卷尺倾斜误差、拉力不均匀误差、钢卷尺对准误差、读数误差等。

（4）每层轴线之间的偏差为 ±3mm，层高垂直偏差为 ±5mm。所有测量计算值均应列表，并应有计算人、复核人签字。在仪器操作上，测站与后视方向应用控制网点，避免转站而造成积累误差。定点测量应避免垂直角大于 45°。对易产生位移的控制点，使用前应进行校核。在 3 个月内，必须对控制点进行校核。避免因季节变化而引起的误差。在施工过程中，要加强对层高和轴线以及净空、平面尺寸的测量复核工作。

9. 思考与练习

（1）如何对预制剪力墙（外墙）进行精准定位？
（2）预制剪力墙（外墙）吊装包含哪些施工流程？

任务 1.6 预制剪力墙（内墙）

1. 学习任务

（1）掌握预制剪力墙（内墙）施工工艺流程。

（2）掌握预制剪力墙（内墙）施工的细部节点构造。

（3）了解预制剪力墙（内墙）的施工质量控制措施。

2. 预备知识

（1）按墙体在建筑中的位置和走向分为外墙和内墙两类。沿建筑四周边缘布置的墙体称为外墙，被外墙包围的墙体称为内墙。外墙是室外空气隔墙，与室外空气直接接触的墙体。内墙只在室内起分割空间的作用，没有和室外空气直接接触。

（2）预制混凝土剪力墙内墙板即由钢筋和混凝土浇筑而成的墙板，在需要连接的部位预留钢筋或锚孔，连接做法如下。

① 竖向钢筋采用套筒灌浆连接，拼接采用灌浆料填实。

② 竖向钢筋采用钢筋约束浆锚搭接连接，拼缝采用灌浆料填实。

③ 竖向钢筋采用金属波纹管浆锚搭接连接，拼缝采用灌浆料填实。

3. 施工示意（图 1-6）

图 1-6 预制剪力墙（内墙）示意图

4. 原材料

砂浆、圆胶塞。

5. 主要施工机具

（1）机械：灌浆机、塔式起重机等。

（2）工具：水准仪、钢卷尺、墨斗、钢套板、斜支撑、靠尺、灰铲、吊环、撬棍、镜子等。

6. 主要施工流程

基层清理→施工放线→检查预留钢筋→垫片找平→墙板吊装→安装斜支撑→垂直度校准→灌浆。

6.1 基层清理

吊装前，需要将外墙结合面浮尘清理干净，并拉毛处理，保证外墙结合处灌浆时能结合牢固。

6.2 施工放线

根据设计图纸要求在结构板上放线，将外墙板尺寸和定位线在结构板上标记出来，确保施工时外墙定位准确。

6.3 检查预留钢筋

套板定位时专职测量放线员使用经纬仪和全站仪投放定位线，并用油漆做好标记，确保套板定位的准确，并及时复核放线的准确性。在施工前将各个型号的墙钢套板逐个分门别类，并保证每个都配置一块钢套板。按照图纸尺寸在钢套板表面印刻好轴线以及轴线编号，安放时将轴线与纵横轴线相对应，保证套板定位准确。套入钢套板后，根据钢套板的尺寸，调整歪斜钢筋，保证每个钢筋都在套板内，并垂直于楼面。

6.4 垫片找平

用水准仪测量外墙结合面的水平高度，根据测量结果，选择合适厚度的垫片垫在外墙结合面处，确保外墙两端处于同一水平面。

6.5 墙板吊装

吊装构件前，将万向吊环和内螺纹预埋件拧紧，预制墙板采用两点起吊，并使用专用吊具。起吊时轻起快吊，在距离安装位置500mm时构件停止下降。将一面小镜子放在墙板下方，以便施工人员观察外墙钢筋插孔是否对准。对准后缓缓降落，不可撞击钢筋，造成钢筋弯折。外叶墙板成企口状，与下层墙体间距为20mm，最小接缝宽度不能小于10mm。

6.6 安装斜支撑

分别在墙板及楼板上的临时支撑预留螺母处安装支撑底座，支撑底座安装牢固可靠，无松动现象。利用可调式支撑杆将墙体与楼面临时固定，每个构件至少使用两根斜支撑进行固定，并要安装在构件的同一侧，确保构件稳定后方可摘除吊钩。

6.7 垂直度校准

垂直度校准采用靠尺，对垂直度不满足要求的墙体，调节斜支撑杆，确保墙体垂直度在规定范围内。

6.8 灌浆

（1）高强灌浆料以灌浆料拌和水搅拌而成。水必须秤量后加入，精确至0.1kg，拌和用水应采用饮用水，使用其他水源时，应符合《混凝土用水标准》（JGJ 63）的规定。灌浆料的加水量一般控制在13%~15%之间（重量比），可根据工程具体情况由厂家推荐加水量，原则上不出现泌水现象，流动度不小于270mm。高强无收缩灌浆料的拌和采用手持式搅拌机搅拌，搅拌时间3~5min。搅拌完的拌合物，随停放时间增长，其流动性降低。自加水算起，应在40min内用完。灌浆料未用完，应丢弃，不得二次搅拌使用。灌浆料中严禁加入任何外加剂或外掺剂。

（2）将搅拌好的灌浆料倒入螺杆式灌浆泵，开动灌浆泵，控制灌浆料流速在0.8~1.2L/min，待有灌浆料从压力软管中流出时，插入钢套管灌浆孔中。应从一侧灌浆，灌浆时必须考虑排除空气（两侧以上同时灌浆会窝住空气，形成空气夹层）。从灌浆开始，可用竹劈子疏导拌合物。这样，可以加快灌浆进度，促使拌合物流进模板内各个角落。灌浆过程中，不准使用振动器振捣，以确保灌浆层匀质性。灌浆开始后，必须连续进行，不能间断，并尽可能缩短灌浆时间。在灌浆过程中发现已灌入的拌合物有浮水时，应当马上灌入较稠一些的拌合物，使其吸收掉浮水。当有灌浆料从钢套管溢浆孔溢出时，用橡皮塞堵住溢浆孔，直至所有钢套管中灌满灌浆料后，停止灌浆。

7. 质量标准

（1）在底部结构正式施工前，必须布设好上部结构施工所需的轴线控制点。所设的基准点组成一个闭合环线，以便进行复核和校正。

（2）楼层观测孔的施工放样，应在底层轴线控制点布设后，用线锤把该层底板的轴线基准点引测到顶板施工面，用此方法把观测孔位预留正确，确保工程质量。

（3）用钢卷尺工作应进行钢卷尺鉴定误差、温度测定误差的修正，并消除定线误差、钢卷尺倾斜误差、拉力不均匀误差、钢卷尺对准误差、读数误差等。

（4）每层轴线之间的偏差为±3mm，层高垂直偏差为±5mm。所有测量计算值均应列表，并应有计算人、复核人签字。在仪器操作上，测站与后视方向应用控制网点，避免转站而造成积累误差。定点测量应避免垂直角大于 45°。对易产生位移的控制点，使用前应进行校核。在 3 个月内，必须对控制点进行校核，避免因季节变化而引起的误差。在施工过程中，要加强对层高和轴线以及净空、平面尺寸的测量复核工作。

墙板安装允许偏差见表 1-4。

表 1-4　墙板安装允许偏差

项次	项目名称	允许偏差 /mm	检查方法
1	轴线位置	±3	用钢卷尺检查
2	楼层层高	±5	用钢卷尺检查
3	全楼高度	±20	用钢卷尺检查
4	墙面垂直度	5	用 2m 靠尺和水平尺检查
5	板缝垂直度	5	用 2m 靠尺和水平尺检查
6	墙板拼缝高差	±5	用靠尺和塞尺检查
7	洞口偏移	8	吊线检查

8. 施工要点

PC 结构必须单块堆放，叠放时用四块尺寸大小统一的木块衬垫，木块高度必须大于叠合板外露马凳筋和棱角等的高度，以免 PC 结构受损，同时衬垫上适当放置棉纱或橡胶块，保持 PC 结构下部为柔性结构。在吊装施工的过程中更要注意成品保护的方法，在保证安全的前提下，要使 PC 结构轻吊轻放，同时安装前先将塑料垫片放在 PC 结构微调的位置，塑料垫片为柔性结构，这样可以有效降低 PC 结构的受损。施工过程中楼梯、阳台等 PC 结构需用木板覆盖保护。浇筑前套筒连接锚固钢筋采用 PVC 管保护，防止在混凝土浇捣过程中污染连接筋，影响后期 PC 吊装施工。

9. 思考与练习

（1）如何区分内外墙？

（2）装配式预制剪力墙（内墙）有哪些优点？

（3）怎样保证预制剪力墙连接处的质量？

任务 1.7 预制阳台施工

1. 学习任务

（1）掌握预制阳台施工工艺流程。

（2）掌握预制阳台施工的细部节点构造。

（3）了解预制阳台的施工质量控制措施。

2. 预备知识

阳台作为建筑室内外过渡的"桥梁"，是住宅等建筑中不可忽视的一部分。传统阳台结构大部分为挑梁式、挑板式现浇钢筋混凝土结构，现场施工量较大，施工期较长，不利于发挥现代住宅产业化优势。预制阳台板能够克服现浇阳台的缺陷，解决阳台支模复杂、现场高空作业费时费力的问题。

3. 施工示意（图 1-7）

图 1-7　预制阳台示意图

4. 原材料

混凝土、防水密封材料、角码、钢筋、预制阳台等。

5. 主要施工机具

（1）机械：塔式起重机、振捣棒、水准仪等。

（2）工具：钢卷尺、水管、防护围栏、墨斗等。

6. 主要施工流程

施工放线→外防护架拆除→搭设支撑架→粘贴防水密封材料→阳台吊装→钢筋绑扎→阳台吊模→混凝土浇筑→养护→验收。

6.1 施工放线

根据已知楼层控制线，准确放出叠合阳台的定位线，定位线要精准，因为装配式结构以拼接为主，若出现较大误差，就有可能造成其他部分无法拼接对准。

6.2 外防护架拆除

拆除预安装阳台位置的防护架。防护架不得提前拆除；拆除人员需要系安全带，并将安全带固定到稳定牢固的位置；拆除时，防护架下方不得站人。

6.3 搭设支撑架

支撑架采用独立支撑体系，独立杆用三角支撑固定。独立顶托上方用工字木作为阳台支撑。搭设完成后，用水准仪进行调平，根据楼层内标高控制线验证工字木高度是否合适、工字木两端是否平衡，确保误差在允许范围内。

6.4 粘贴防水密封材料

在保温板上方粘贴一道防水密封材料，防水密封材料宽度同保温板宽度。粘贴厚度符合规范要求。

6.5 阳台吊装

（1）阳台吊装前，在预制叠合阳台周围提前安装防护架，防护架高度要符合规范要求，防护架各个位置应保证在不低于 1kN 的冲击下不出现倒塌问题。

（2）阳台吊装采用专用吊具，吊点不少于 4 个，吊起时保持平衡。起吊时轻起快吊，在距离安装位置 500mm 时构件停止下降。

（3）叠合阳台上部预留钢筋外露 $1.1l_a$，下部钢筋需要过内叶墙板中线（图 1-8）。

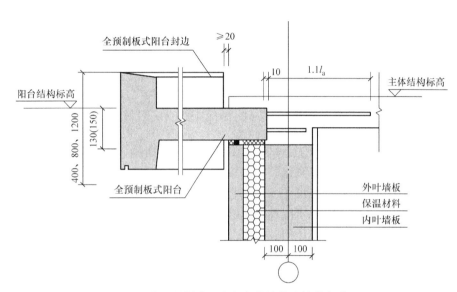

图 1-8　全预制板式阳台与主体结构连接节点详图

（4）阳台吊装完成后，用角码把阳台和外墙固定牢固。固定完成后，方准拆除吊钩。

6.6 钢筋绑扎

阳台板吊装完成后，阳台板上部钢筋和楼板面筋一同绑扎，面筋与叠合阳台预留钢筋采用搭接连接，搭接处绑扎不少于 3 道扎丝。预制板边交接处，附加两道通长钢筋。

6.7 阳台吊模

根据阳台设计标高要求，采用合适的吊模处理，吊模可以采用木模板或钢模板。

6.8 混凝土浇筑

（1）混凝土浇筑和振捣的一般要求

① 浇筑混凝土应分段分层进行，每层浇筑高度应根据结构特点、钢筋疏密而定，一般为振捣器作用部分长度的 1.25 倍，最大不超过 50cm。

② 采用插入式振捣器振捣应快插慢拔。插点应均匀排列，逐点移动、顺序进行，均匀振实，不得遗漏。移动间距不大于振捣棒作用半径的 1.5 倍，一般为 30 ~ 40cm。振捣上一层时应插入下层 50mm 以消除两层间的接槎。

③ 浇筑应连续进行，如有间歇应在混凝土初凝前接缝，一般不超过 2h，否则应按施工缝处理。

（2）混凝土浇筑完毕后，应在 12h 以内加以适当覆盖、浇水养护，正常气温每天浇水不少于两次，同时不少于 7d。

7. 质量标准

质量标准应符合表 1-5 中的相关要求。

表 1-5　预制阳台施工质量检测要求

序号	检测项目	允许偏差 /mm	检验方法
1	板的完好性（放置方式正确，有无缺损、裂缝等）	按标准	目测
2	楼层控制线位置	±2	钢卷尺检查
3	每块外墙板（尤其是四大角板）的垂直度	±2	吊线、2m 靠尺检查，抽查 20%（四大角全数检查）
4	紧固度（螺栓帽、斜撑杆、焊接点等）		抽查 20%
5	阳台、凸窗支撑牢固拉结，立体位置准确	±2	目测、钢卷尺全数检查
6	楼梯（支撑牢固、下对齐）标高	±2	目测、钢卷尺全数检查
7	止水条、金属止浆条（牢固、无破坏）位置正确	±2	目测
8	产品保护（窗、瓷砖）	措施到位	目测
9	板与板的缝宽	±2	楼层内抽查至少 6 条竖缝（楼层结构面 +1.5m 处）

8. 施工要点

施工前、施工时与施工后对各分项工程进行检测。检测方法多种多样，对于混凝土强度、钢筋接头等需做力学试验的，应把试验件拿到有测试资格的单位进行试验；在标高控制方面，如挖土深度、模板标高等，用水准仪检测；对于构件截面尺寸、轴线之间距离，可用长尺测量；对于建筑物的垂直度等可用经纬仪或靠尺测量；检测平整度可用直尺与塞尺等；要检测砌体砂浆饱满度，可用百格网。总之检测的方法多种多样，也可以几种方法一起使用。为了保证工程质量而配备的大量计器，如卷尺、靠尺、水准仪、塞尺、经纬仪及各种测试仪表等，需经过专业测试，并由专人保管，以保证其精确度，满足质量检测的要求。

9. 思考与练习

（1）预制阳台的优点有哪些？
（2）怎样保证阳台的防水质量？

任务1.8 叠合阳台板施工

1. 学习任务

（1）掌握叠合阳台施工工艺流程。

（2）掌握叠合阳台施工的细部节点构造。

（3）了解叠合阳台的施工质量控制措施。

2. 预备知识

（1）叠合阳台板是预制和现浇混凝土相结合的一种结构形式，预制阳台板的主筋即叠合阳台板的主筋，上部混凝土现浇层仅配置负弯矩钢筋和构造钢筋。预制阳台板用作现浇混凝土层的底模，不必为现浇层支撑模板。

（2）叠合阳台板底面光滑平整，不仅有现浇楼板的整体性而且具有刚度大、抗裂性好、不增加钢筋消耗、节约模板等优点。

3. 施工示意（图1-9）

图1-9 叠合阳台板示意图

4. 原材料

混凝土、防水密封材料、角码、钢筋、叠合阳台等。

5. 主要施工机具

（1）机械：塔式起重机、振捣棒、水准仪等。

（2）工具：钢卷尺、水管、防护围栏、墨斗等。

6. 主要施工流程

施工放线→外防护架拆除→搭设支撑架→粘贴防水密封材料→阳台吊装→钢筋绑扎→阳台吊模→混凝土浇筑→养护→验收。

6.1 施工放线

根据已知楼层控制线，准确放出叠合阳台的定位线。定位线要精准，因为装配式结构以拼接为主，若出现较大误差，就有可能造成其他部分无法拼接对准。

6.2 外防护架拆除

拆除预安装阳台位置的防护架。防护架不得提前拆除；拆除人员需要系安全带，并将安全带固定到稳定牢固的位置；拆除时，防护架下方不得站人。

6.3 搭设支撑架

支撑架采用独立支撑体系，独立杆用三角支撑固定。独立顶托上方用工字木作为阳台支撑。搭设完成后，用水准仪进行调平，根据楼层内标高控制线验证工字木高度是否合适、工字木两端是否平衡，确保误差在允许范围内。

6.4 粘贴防水密封材料

在保温板上方粘贴一道防水密封材料，防水密封材料宽度同保温板宽度。粘贴厚度符合规范要求。

6.5 阳台吊装

（1）阳台吊装前，在预制叠合阳台周围要提前安装防护架，防护架高度要符合规范要求。防护架各个位置应保证在不低于 1kN 的冲击下不会出现倒塌问题。

（2）阳台吊装采用专用吊具，吊点不少于 4 个，吊起时保持平衡。起吊时轻起快吊，在距离安装位置 500mm 时构件停止下降。

（3）叠合阳台上部预留钢筋外露 $1.1l_a$，下部钢筋需要过内叶墙板中线（图 1-10）。

（4）阳台吊装完成后，用角码把阳台和外墙固定牢固。固定完成后，方准拆除吊钩。

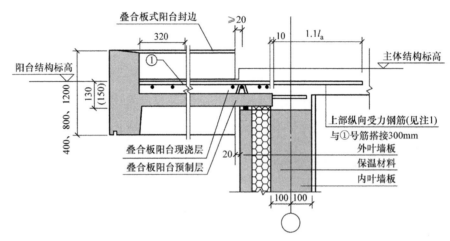

图 1-10　叠合板式阳台与主体结构连接节点详图

6.6 钢筋绑扎

吊装完成后，阳台板上部钢筋和楼板面筋一同绑扎，面筋与叠合阳台预留钢筋采用搭接连接，搭接处绑扎不少于 3 道扎丝。预制板边交接处，附加两道通长钢筋。

6.7 阳台吊模

根据阳台设计标高要求，采用合适的吊模处理，吊模可以采用木模板或钢模板。

6.8 混凝土浇筑

（1）混凝土浇筑和振捣的一般要求

① 浇筑混凝土应分段分层进行，每层浇筑高度应根据结构特点、钢筋疏密而定，一般为振捣器作用部分长度的 1.25 倍，最大不超过 50cm。

② 采用插入式振捣器振捣应快插慢拔。插点应均匀排列，逐点移动、顺序进行，均匀振实，不得遗漏。移动间距不大于振捣棒作用半径的 1.5 倍，一般为 30~40cm。振捣上一层时应插入下层 50mm 以消除两层间的接槎。

③ 浇筑应连续进行，如有间歇应在混凝土初凝前接缝，一般不超过 2h，否则应按施工缝处理。

（2）混凝土浇筑完毕后，应在 12h 以内加以适当覆盖、浇水养护，正常气温每天浇水不少于两次，同时不少于 7d。

7. 质量标准

质量标准应符合表 1-6 中的相关要求。

表 1-6　叠合阳台板施工质量检测要求

序号	检测项目	允许偏差 /mm	检验方法
1	板的完好性（放置方式正确，有无缺损、裂缝等）	按标准	目测
2	楼层控制线位置	±2	钢卷尺检查
3	每块外墙板（尤其是四大角板）的垂直度	±2	吊线、2m 靠尺检查，抽查 20%（四大角全数检查）
4	紧固度（螺栓帽、斜撑杆、焊接点等）		抽查 20%
5	阳台、凸窗支撑牢固拉结，立体位置准确	±2	目测、钢卷尺全数检查
6	楼梯（支撑牢固、下对齐）标高	±2	目测、钢卷尺全数检查
7	止水条、金属止浆条（牢固、无破坏）位置正确	±2	目测
8	产品保护（窗、瓷砖）	措施到位	目测
9	板与板的缝宽	±2	楼层内抽查至少 6 条竖缝（楼层结构面 +1.5m 处）

8. 施工要点

　　施工前、施工时与施工后对各分项工程进行检测。检测方法多种多样，对于混凝土强度、钢筋接头等需做力学试验的，应把试验件拿到有测试资格的单位进行试验；在标高控制方面，如挖土深度、模板标高等，用水准仪检测；对于构件截面尺寸、轴线之间距离，可用长尺测量；对于建筑物的垂直度等可用经纬仪或靠尺测量；检测平整度可用直尺与塞尺等；检测砌体砂浆饱满度，可用百格网。总之检测的方法多种多样，也可以几种方法一起使用。为保证工程质量而配备的大量计器，如卷尺、靠尺、水准仪、塞尺、经纬仪及各种测试仪表等，都应经过专业测试，并由专人保管，以保证其精确度，满足质量检测的要求。

9. 思考与练习

　　（1）叠合阳台板的优点有哪些?
　　（2）叠合阳台板在施工过程中应注意哪些问题?

任务1.9 搁置式楼梯

1. 学习任务

（1）掌握搁置式楼梯施工工艺流程。

（2）掌握搁置式楼梯施工的细部节点构造。

（3）了解搁置式楼梯的施工质量控制措施。

2. 预备知识

（1）楼梯是建筑物中作为楼层间垂直交通用的构件，主要用于楼层之间和高差较大时的交通联系。楼梯由梯段、平台板和围护构件等组成。

（2）预制装配式的楼梯构件分为大型、中型和小型三种。大型的是把整个梯段和平台预制成一个构件；中型的是把梯段和平台各预制成一个构件；小型的是将楼梯的斜梁、踏步、平台梁和板预制成各个小构件，用焊接等方法连接成整体。

3. 施工示意（图1-11）

图1-11 搁置式楼梯示意图

4. 原材料

灌浆料、聚苯条、砂浆、聚苯板、PE棒。

5. 主要施工机具

（1）机械：灌浆机、水准仪、经纬仪、吊架。

（2）工具：灰铲、钢卷尺、铅笔、墨斗、撬棍。

6. 主要施工流程

施工准备→清理基层→测量放线→检查预留钢筋→安装面找平→吊装预制楼梯→固定端连接→缝隙处理→成品保护→验收。

6.1 清理基层

清理楼梯吊装的接触面，用灰铲清理干净上面的浮浆，并用笤帚清扫干净。

6.2 测量放线

根据已知楼层控制线，准确放出预制楼梯的定位线。定位线要精准，因为装配式结构以拼接为主，若出现较大误差，就有可能造成其他部分无法拼接对准。楼梯下段的控制线，使用经纬仪将控制点引下去，确保楼梯的定位准确。

6.3 检查预留钢筋

用钢卷尺检查预留钢筋的长度是否符合设计要求，误差不得大于 10mm。测量钢筋到楼梯控制线的距离，确保误差符合规范要求。

6.4 安装面找平

在楼梯边缘粘贴一道聚苯条，内部采用砂浆找平，找平面误差要符合规范要求，高度满足设计要求。

6.5 吊装预制楼梯

吊装楼梯使用专用吊架，楼梯采用 4 点起吊，吊装钢绳为两短两长，长短比例符合楼梯倾斜坡度。就位时楼梯板要从上垂直向下安装，在作业层上空 500mm 处略微停顿，施工人员手扶构件调整方向，将楼梯板的边线与梯梁上的安装控制线对准，放下时要停稳慢放。根据弹出的预制楼梯位置控制线，可使用撬棍轻轻调整构件，以达到准确位置。

6.6 固定端连接

楼梯采用灌浆固定。将灌浆料缓慢注入楼梯固定端预留孔内，待浆料上表面距孔口 30mm 时，即可停止。灌浆作业完成后 24h 内，构件和灌浆连接处不能受到振动或冲击作用。灌浆完成后，使用水泥砂浆将楼梯固定端预留孔口进行封堵，要求平整、密实、光滑。楼梯下端采用螺栓固定，固定要牢固，完成后用砂浆封堵。

6.7 缝隙处理

楼梯与楼面间的竖向缝隙中，填塞聚苯板，聚苯板上方加入一根 PE 棒，表面用胶枪打胶封闭。

6.8 成品保护

预制楼梯吊装完成后，采用木模板保护楼梯棱角，防止施工时破坏楼梯，影响交付。楼梯临边安装防护栏杆，防止发生安全事故。

7. 质量标准

（1）在底部结构正式施工前，必须布设好上部结构施工所需的轴线控制点，所设的基准点组成一个闭合环线，以便进行复核和校正。

（2）楼层观测孔的施工放样，应在底层轴线控制点布设后，用线锤把该层底板的轴线基准点引测到顶板施工面，用此方法把观测孔位预留正确，确保工程质量。

（3）用钢卷尺工作应进行钢卷尺鉴定误差、温度测定误差的修正，并消除定线误差、钢卷尺倾斜误差、拉力不均匀误差、钢卷尺对准误差、读数误差等。

（4）每层轴线之间的偏差为 ±3mm，层高垂直偏差为 ±5mm。所有测量计算值均应列表，并应有计算人、复核人签字。在仪器操作上，测站与后视方向应用控制网点，避免转站而造成积累误差。定点测量应避免垂直角大于 45°。对易产生位移的控制点，使用前应进行校核。在 3 个月内，必须对控制点进行校核，避免因季节变化而引起的误差。在施工过程中，要加强对层高和轴线以及净空、平面尺寸的测量复核工作。

8. 施工要点

（1）预制构件应采用正向吊装、运输和堆放。构件运输和堆放时，垫木应放在吊环附近，并高于吊环，且上下对齐。

（2）堆放场地应平整夯实，下面铺垫板。预制楼梯每垛码放不宜超过 6 块。

（3）预制楼梯安装后，应及时将踏步面加以保护（可用 18mm 厚的夹板进行保护），避免施工中将踏步棱角损坏。

9. 思考与练习

（1）楼梯与楼板的分界是怎样规定的？

（2）搁置式楼梯的传力路径是怎样的？

任务 1.10　预制钢筋混凝土柱

1. 学习任务

（1）掌握预制钢筋混凝土柱施工工艺流程。

（2）掌握预制钢筋混凝土柱施工的细部节点构造。

（3）了解预制钢筋混凝土柱的施工质量控制措施。

2. 预备知识

（1）钢筋混凝土柱是房屋、桥梁等各种工程结构中最基本的承重构件，按照制造和施工方法分为现浇柱和预制柱。现浇钢筋混凝土柱整体性好，但支模工作量大；预制钢筋混凝土柱施工比较方便，但要保证节点连接质量。

（2）住宅建筑的预制钢筋混凝土柱长度一般为层高 2.9～3.1m；公共建筑由于层高较大，预制钢筋混凝土柱长度一般为 3.2～5.1m；预制钢筋混凝土柱一般重量在 7t 以内，起重安装较为便利，否则会给安装带来较大困难。

3. 施工示意（图 1-12）

图 1-12　预制钢筋混凝土柱示意图

4. 原材料

预制柱、砂浆、钢垫片。

5. 主要施工机具

（1）工具：靠尺、水准仪、钢卷尺、斜支撑、钢筋定位框等。

（2）机械：灌浆机、塔式起重机等。

6. 主要施工流程

施工放线→基层清理→钢筋校正→垫片找平→预制柱吊装→安装斜支撑→垂直度校准→灌浆→验收。

6.1 施工放线

根据楼层已知控制线，放出预制柱的定位线和 200mm 控制线。放线要精准，因为装配式结构以拼接为主，若出现较大误差，就有可能造成框架梁无法拼接对准。

6.2 基层清理

用铲刀铲去交接面浮浆，然后用笤帚清扫干净。必要情况下，可以用清水冲洗，但不能出现交接面有存水的情况，确保灌浆时可以粘接牢固。

6.3 钢筋校正

将预先加工定制的精准的钢筋定位框套入楼面预留的钢筋上，对有歪斜的钢筋使用扳手或者钢套管进行校正，不得弯折钢筋。若出现钢筋偏差过大的情况，可以将偏斜钢筋处的混凝土錾除，从楼面以下调整钢筋位置，然后用高强度等级混凝土修补。

6.4 垫片找平

用水准仪测量外墙结合面的水平高度，根据测量结果，选择合适厚度的垫片垫在外墙结合面处，确保外墙两端处于同一水平面。

6.5 预制柱吊装

吊装构件前，将 U 型卡与柱顶预埋吊环连接牢固，预制柱采用两点起吊，起吊时轻起快吊，在距离安装位置 500mm 时构件停止下降。将镜子放在柱下面，吊装人员手扶预制柱缓缓降落，确保钢筋对孔准确。

6.6 安装斜支撑

分别在柱及楼板上的临时支撑预留螺母处安装支撑底座，支撑底座安装牢固可靠，无松动现象。利用可调式支撑杆将预制柱与楼面临时固定，每个构件至少使用两根斜支撑进行固定，并要安装在构件的两个侧面，斜支撑安装后成 90°，确保构件稳定后方可摘除吊钩。

6.7 垂直度校准

使用靠尺对柱的垂直度进行检查，对垂直度不符合要求的柱，旋转斜支撑杆，直到构件垂直度符合规范要求。

6.8 灌浆

（1）塞缝。预制柱下与楼板之间的缝隙采用砂浆封堵，封堵要密实，确保灌浆时不会有浆液流出。

（2）灌浆施工。将下排灌浆孔封堵只剩 1 个，插入灌浆管，进行灌浆，待浆液成柱状流出出浆孔时，封堵出浆孔。灌浆作业完成后 24h 内，构件和灌浆连接处不能受到振动或冲击作用。

7. 质量标准

（1）在底部结构正式施工前，必须布设好上部结构施工所需的轴线控制点，所设的基准点组成一个闭合环线，以便进行复核和校正。

（2）楼层观测孔的施工放样，应在底层轴线控制点布设后，用线锤把该层底板的轴线基准点引测到顶板施工面，用此方法把观测孔位预留正确，确保工程质量。

（3）用钢卷尺工作应进行钢卷尺鉴定误差、温度测定误差的修正，并消除定线误差、钢卷尺倾斜误差、拉力不均匀误差、钢卷尺对准误差、读数误差等。

（4）每层轴线之间的偏差为 ±3mm，层高垂直偏差为 ±5mm。所有测量计算值均应列表，并应有计算人、复核人签字。在仪器操作上，测站与后视方向应用控制网点，避免转站而造成积累误差。定点测量应避免垂直角大于 45°。对易产生位移的控制点，使用前应进行校核。在 3 个月内，必须对控制点进行校核，避免因季节变化而引起的误差。在施工过程中，要加强对层高和轴线以及净空、平面尺寸的测量复核工作。

8. 施工要点

（1）对吊装完成的预制柱应注意给柱子边角做护边处理，保护柱子边角。

（2）灌浆刚完成时，不得触碰预制柱，防止影响灌浆效果。

9. 思考与练习

（1）预制钢筋混凝土柱与预制梁、预制板连接时应注意哪些问题？

（2）预制钢筋混凝土柱的施工流程是怎样的？

任务 1.11　单层叠合钢筋混凝土剪力墙

1. 学习任务

（1）掌握单层叠合钢筋混凝土剪力墙施工工艺流程。

（2）掌握单层叠合钢筋混凝土剪力墙施工的细部节点构造。

（3）了解单层叠合钢筋混凝土剪力墙的施工质量控制措施。

2. 预备知识

（1）预制叠合剪力墙结构是一种采用部分预制、部分现浇工艺生产的钢筋混凝土剪力墙。在工厂制作、养护成型，运至施工现场后和现浇部分整浇成一体，共同承受竖向荷载和水平荷载作用。

（2）预制叠合剪力墙的应用应考虑结构布置、连接构造等，保证结构具有足够的承载力，具有适当的刚度和良好的延性，应避免因部分结构或构件的破坏导致整个结构丧失承载能力。

3. 施工示意（图 1-13）

图 1-13　单层叠合钢筋混凝土剪力墙示意图

4. 原材料

混凝土、单层叠合钢筋混凝土剪力墙、钢筋、模板、角码、横向连接片、PE 棒。

5. 主要施工机具

外防护架、水管、笤帚、扳手、斜支撑、靠尺、钢卷尺。

6. 主要施工流程

施工放线→外防护架拆除→基层清理→粘贴 PE 棒→墙板吊装→墙板固定→ 安装斜支撑→墙板钢筋绑扎→混凝土浇筑→养护→自检与验收。

6.1 施工放线

根据楼层控制线及图纸设计尺寸，准确放出墙体定位线和 200mm 控制线。用墨斗弹线，放线要精准，并要复核。

6.2 外防护架拆除

拆除外防护架时，施工人员需要系安全带，并将安全带固定到稳定牢固的地点。外防护架下不得站人，防止拆除时有杂物坠落。拆除顺序根据吊装顺序，随时拆除，不得提前拆除，以防发生意外。

6.3 基层清理

清理干净吊装面的卫生，并将楼边表面浮浆铲除。

6.4 粘贴 PE 棒

单层叠合墙预制部分与楼板面相接部分需要粘贴 PE 棒，PE 棒粘贴注意顺直，粘贴牢固。

6.5 墙板吊装

单层叠合墙吊装使用专用的吊架，吊环预埋在叠合墙的预制部分，吊口朝上，吊装采用两点起吊，起吊时轻起快吊，在距离安装位置 500mm 时构件停止下降。用笤帚清理粘接面的灰尘。墙板落位要准确，当墙板与定位线误差较大时，应重新将板吊起调整。当误差较小时，可用撬棍调整到准确位置。

6.6 墙板固定

墙板下方与楼板相连的位置使用角码固定，预制墙板提前预留螺栓孔，楼板位置用电钻打孔，放入膨胀螺栓，用角码进行固定。相邻两块板之间粘贴防水胶带，用横向连接片固定。

6.7 安装斜支撑

墙板上方使用斜支撑固定，分别在墙板及楼板上的临时支撑预留螺母处安装支撑底座，支撑底座安装牢固可靠，无松动现象。利用可调式支撑杆将墙体与楼面临时固定，每个构件至少使用两根斜支撑进行固定，并要安装在构件的同一侧，确保构件稳定后方可摘除吊钩。使用靠尺对墙体的垂直度进行检查，对垂直度不符合要求的墙体，旋转斜支撑杆，直到构件垂直度符合规范要求。

6.8 墙板钢筋绑扎

墙板钢筋绑扎前需要检查预留钢筋，若有间距不均匀、钢筋歪斜的情况应及时调整。钢筋绑扎注意与桁架钢筋相连，用扎丝绑扎牢固，钢筋间距符合规范要求。

6.9 混凝土浇筑

钢筋绑扎完成后，需要经监理验收，合格后方可进行下一步工序。单层叠合墙采用大钢模板，模板采用拼接的方法，用螺栓连接。连接位置避开斜支撑杆，支撑座位置可以用海绵条封堵，防止漏浆。混凝土应逐层浇筑，注意不要出现漏浆，振捣要密实。若出现涨模、爆模的情况，应及时处理。

6.10 养护

模板拆除后及时洒水养护，养护时间不少于 7d。

7. 质量标准

（1）正式施工前，必须布设好上部结构施工所需的轴线控制点，所设的基准点组成一个闭合环线，以便进行复核和校正。

（2）楼层观测孔的施工放样，应在底层轴线控制点布设后，用线锤把该层底板的轴线基准点引测到顶板施工面，用此方法把观测孔位预留正确，确保工程质量。

（3）用钢卷尺工作应进行钢卷尺鉴定误差、温度测定误差的修正，并消除定线误差、钢卷尺倾斜误差、拉力不均匀误差、钢卷尺对准误差、读数误差等。

（4）每层轴线之间的偏差为 ±3mm，层高垂直偏差为 ±5mm。所有测量计算值均应列表，并应有计算人、复核人签字。在仪器操作上，测站与后视方向应用控制网点，避免转站而造成积累误差。定点测量应避免垂直角大于 45°。对易产生位移的控制点，使用前应进行校核。在 3 个月内，必须对控制点进行校核，避免因季节变化而引起的误差。在施工过程中，要加强对层高和轴线以及净空、平面尺寸的测量复核工作。

8. 施工要点

（1）预制构件吊装完成后，需注意不得磕碰棱角。

（2）注意保护钢筋，避免硬弯折和锈蚀。

9. 思考与练习

（1）单层叠合钢筋混凝土剪力墙有哪些优点？适用于何种结构类型的建筑？

（2）单层叠合钢筋混凝土剪力墙施工流程包含哪些？

任务1.12 双层叠合钢筋混凝土剪力墙

1. 学习任务

（1）掌握双层叠合钢筋混凝土剪力墙施工工艺流程。

（2）掌握双层叠合钢筋混凝土剪力墙施工的细部节点构造。

（3）了解双层叠合钢筋混凝土剪力墙的施工质量控制措施。

2. 预备知识

装配整体式双层叠合钢筋混凝土剪力墙结构将剪力墙从厚度方向划分为三层，内外两侧预制，通过桁架钢筋连接，中间浇筑混凝土，墙板竖向分布钢筋和水平分布钢筋通过附加钢筋实现间接连接。竖向受力钢筋布置于预制双面叠合墙内，在楼层接缝处布置上下搭接受力钢筋，并在预制双面间隙内浇筑混凝土形成双面叠合剪力墙。该结构适用于抗震设防烈度8度以下地区，建筑高度不超过90m的装配式房屋。

3. 施工示意（图1-14）

图1-14 双层叠合钢筋混凝土剪力墙示意图

4. 原材料

混凝土、双层叠合钢筋混凝土剪力墙、钢筋、模板、木方。

5. 主要施工机具

（1）工具：射钉枪、水管、笤帚、扳手、斜支撑、靠尺、钢卷尺。

（2）机械：水准仪、布料机、塔式起重机。

6. 主要施工流程

施工放线→基层清理→钢筋校正→垫片找平→墙板吊装→安装斜支撑→底部封堵→钢筋绑扎→混凝土浇筑→养护→自检与验收。

6.1 预制墙起吊前准备工作

清理结合面，根据定位轴线，在已施工完成的楼层板上放出预制墙体定位边线及 200mm控制线，并做一个200mm控制线的标识牌，用于现场标注，说明该线为200mm控制线，方便施工操作及墙体控制。

6.2 预制外墙起吊

吊装时设置2名信号工，起吊处1名，吊装楼层上1名。另外墙吊装时配备1名挂钩人员，楼层上配备3名安放及固定外墙人员。吊装前由质量负责人核对墙板型号、尺寸，检查无误后，由专人负责挂钩，待挂钩人员撤离至安全区域后，由下面信号工确认构件四周安全情况，确认安全后进行试吊，指挥缓慢起吊，起吊到距离地面 0.5m 左右时，起吊装置确定安全后，继续起吊。

6.3 支撑体系的安装

墙体停止下落后，由专人安装斜支撑和七字码，利用斜支撑和七字码固定并调整预制墙体，确保墙体安装垂直度。构件调整完成后，复核构件定位及标高无误后，由专人负责摘钩。斜支撑最终固定前，不得摘除吊钩。

6.4 钢筋工程施工

（1）钢筋按图翻样，要求准确。

（2）进场的钢筋必须有成品质量保证书、出厂质量证明书和试验报告单。每批进入现场的钢筋，由材料员和钢筋翻样组织人员进行检查验收，认真做好清点、复核（即核定钢筋标牌、外形尺寸、规格、数量）工作，确保每次进入到现场的钢筋准确无误，避免现场钢筋堆放混乱现象，保证现场标准化施工。

（3）对进场的各主要规格的受力钢筋，由取样员会同监理根据实际使用情况，抽取钢筋焊接接头、原材料试件等，及时送试验室对试件进行力学性能试验，经试验合格后，方可投入使用。

（4）钢筋搭接、锚固要按照结构设计说明及相关设计图纸的要求，并符合施工规范质量要求。

（5）钢筋要合理布置，用扎丝绑扎牢，相邻梁的钢筋能拉通的尽量拉通，以减少钢筋的绑扎接头，必要时翻样人员会同技术员先根据图纸绘出大样，然后再加工绑扎。梁箍筋接头（弯钩叠合处）交错布置在两根架立钢筋上，板、次梁、主梁上下层钢筋排列要严格按图纸和规范要求布置。

（6）每层结构柱头、墙板竖向钢筋，在板面上要确保位置准确无偏差，该工作需钢筋翻样、技术人员协同复核；如个别确有少量偏位或弯曲时，应及时在本层楼板顶面上校正偏差，确保钢筋垂直度。确保竖向钢筋不偏位的方法为：柱在每层板面上的竖向筋应扎不少于 3 肢箍，最下一肢箍必须与板面梁筋焊牢。对于墙板筋，应在板面上 500mm 范围内，扎好不少于三道水平筋，并扎好"S"钩撑铁。

（7）主次梁钢筋交错施工时，一般情况下次梁钢筋搁置于主梁钢筋上，为避免主次梁相互交接时，交接部位节点偏高，造成楼板偏厚，中间梁部位采取次梁主筋穿于主梁内筋内侧。上述钢筋施工时，总体确保钢筋相叠处不得超过设计高度。遇到复杂情况时，需会请甲方、设计、监理到场一同处理解决。

（8）梁主筋与箍筋的接触点全部用扎丝扎牢，墙板、楼板双向受力钢筋的交点必须全部扎牢。上述非双向配置的钢筋相交点，除靠近外围两行钢筋的相交点全部扎牢外，中间可按梅花形交错绑扎牢固。

（9）梁和柱的箍筋应与受力钢筋垂直设置；箍筋弯钩叠合处，应沿受力钢筋方向错开设置（梁箍弯钩设置在上铁位置左右交错，柱箍转圈设置），箍筋弯钩必须为 135°，且弯钩长度必须满足 10d。

（10）钢筋搭接处，应在中心和两端用扎丝扎牢；钢筋绑扎网必须顺直，严禁扭曲。

（11）钢筋绑扎施工时墙和梁可先在单边支模后，再按顺序扎筋；钢筋绑扎完成后，由班长填写"自检、互检"表格，请专职质量员验收；项目质量员及钢筋翻样严格按施工图和规范要求进行验收，验收合格后，再分区分批逐一请监理验收；验收通过后方可进行封模工作（在封模前清除垃圾）。每层结构竖向、平面的钢筋、拉结筋、预埋件、预留洞、防雷接地全部通过监理验收，由项目质量员填写隐蔽工程验收意见后提交监理签证。浇捣混凝土时派专人看管，随时对钢筋进行纠偏，同时随时清除插筋上粘附的混凝土。

6.5 混凝土工程施工

（1）为保证混凝土质量，主管混凝土浇捣的人员一定要明确每次浇捣混凝土的级配、方量，以便混凝土搅拌站能严格控制混凝土原材料的质量技术要求，并备足原材料。

（2）严格把好原材料质量关，水泥、碎石、砂及外掺剂等均要达到国家规范规定的标准，及时与混凝土供应单位沟通信息。

（3）对不同混凝土浇捣，采用先浇捣墙、柱混凝土，后浇捣梁、板混凝土，并保证在墙、柱混凝土初凝前完成梁、板混凝土的覆盖浇捣。混凝土配制采用缓凝技术，入模缓凝时间宜控制在 6 小时。对高低强度等级混凝土用同品种水泥、同品种外掺剂，保证交接面质量。

（4）及时了解天气动向，浇捣混凝土需连续施工时应尽量避开大雨天。施工现场应准备足够数量的防雨物资（如塑料薄膜、油布、雨衣等）。如果混凝土施工过程中下雨，应及时遮蔽，雨后及时做好面层的处理工作。

（5）混凝土浇捣前，施工现场应做好各项准备工作，机械设备、照明设备等应事先检查，保证完好、符合要求；模板内的垃圾和杂物要清理干净，木模部位要隔夜浇水保湿；搭设钢管支架，着重做好加固工作；做好交通、环保等对外协调工作，确定行车路线；制定浇捣期间的后勤保障措施。

7. 质量标准

预制构件在吊装、安装就位和连接过程中的允许偏差见表1-7。

表 1-7　构件吊装允许偏差

项目		允许偏差 /mm	检查方法
构件的轴线位置	竖向构件（柱、墙板）	8	经纬仪及尺量
	水平构件（梁、楼板）	5	
标高	梁、柱、墙板、楼板底面或顶面	±5	水准仪或拉线、尺量
构件垂直度	墙板	5	经纬仪或吊线、尺量
构件倾斜度	梁	5	经纬仪或吊线、尺量
相邻构件平整度	梁、楼板底面 外露	3	2m 靠尺和塞尺量测
	梁、楼板底面 不外露	5	
	墙板 外露	5	
	墙板 不外露	8	
构件搁置长度	梁、板	±10	尺量
支座、支垫中心位置	板、梁、墙板	10	尺量
墙板接缝宽度		±5	尺量

8. 施工要点

（1）在吊装中，预制墙体的标高和垂直度是控制墙体吊装的重点。准确控制标高和垂直度可以提高吊装的速度，大大提升施工进度。

（2）在后浇段甩出钢筋上抄出标高控制线。

（3）根据标高控制线放置垫铁，垫铁选择 2~3mm 厚，根据现场实际情况，依据标高选择垫铁数量，使墙板能达到标高要求。

（4）墙板依据所弹墨线放置好后，依据标高控制线测量到墙顶的尺寸。校核预制墙体的标高，校核无误后方可松开吊钩。

（5）预制墙体吊装就位，标高控制准确后，开始加设斜支撑。在加设斜支撑时，利用斜撑杆调节好墙体的垂直度。在调节斜撑杆时必须由两名工人同时间、同方向进行操作，分别调节两根斜撑杆，与此同时要有一名工人拿 2m 靠尺反复测量垂直度，直到调整满足要求为止。

9. 思考与练习

（1）单层叠合钢筋混凝土剪力墙与双层叠合钢筋混凝土剪力墙有什么区别？

（2）怎样保证现浇混凝土的施工质量？

任务 1.13 预制混凝土雨篷

1. 学习任务

（1）掌握预制混凝土雨篷施工工艺流程。

（2）掌握预制混凝土雨篷施工的细部节点构造。

（3）了解预制混凝土雨篷的施工质量控制措施。

2. 预备知识

（1）雨篷是设在建筑物出入口或顶部阳台上方用来挡雨、防高空落物砸伤的一种建筑装置。雨篷可以分为小型雨篷，如悬挑式雨篷、悬挂式雨篷；大型雨篷，如墙或柱支撑式雨篷。

（2）与现浇混凝土雨篷相比，预制混凝土雨篷具有施工方便、劳动效率高、构件生产标准化、环保节能等特点。

3. 施工示意（图 1-15）

图 1-15　预制混凝土雨篷示意图

4. 原材料

混凝土、预制雨篷、防水密封材料、钢筋、PE 棒。

5. 主要施工机具

（1）机械：水准仪、塔式起重机。

（2）工具：钢卷尺、水管、防护围栏、胶枪。

6. 主要施工流程

施工放线→外防护架拆除→搭设支撑架→粘贴防水材料→雨篷吊装→钢筋绑扎→混凝土浇筑→养护→密封→验收。

6.1 施工放线

根据已知楼层控制线，准确放出叠合阳台的定位线。定位线要精准，因为装配式结构以拼接为主，若出现较大误差，就有可能造成其他部分无法拼接对准。

6.2 外防护架拆除

拆除预安装阳台位置的防护架。防护架不得提前拆除；拆除人员需要系安全带，并将安全带固定到稳定牢固的位置；拆除时，防护架下方不得站人。

6.3 搭设支撑架

支撑架采用独立支撑体系，独立杆用三角支撑固定。独立顶托上方用工字木作为阳台支撑。搭设完成后，用水准仪进行调平，根据楼层内标高控制线检测工字木高度是否合适、工字木两端是否平衡，确保误差在允许范围内。

6.4 粘贴防水材料

在保温板上方粘贴一道防水密封材料，防水密封材料宽度同保温板宽度，粘贴厚度符合规范要求。

6.5 雨篷吊装

（1）雨篷吊装前，在预制混凝土雨篷周围提前安装防护架，防护架高度要符合规范要求。防护架各个位置，应能保证在不低于 1kN 的冲击下不会出现倒塌问题。

（2）雨篷吊装使用专用吊具，吊点不少于 4 个，吊起时保持平衡。起吊时轻起快吊，在距离安装位置 500mm 时构件停止下降。

（3）雨篷吊装完成后，用角码将雨篷和外墙固定牢固。固定完成后，方准拆除吊钩。

6.6 钢筋绑扎

雨篷吊装完成后，雨篷深入楼板的钢筋与板面钢筋采用搭接绑扎，搭接处绑扎不少于 3 道扎丝。预制板边交接处，附加两道通长钢筋。

6.7 混凝土浇筑

（1）混凝土浇筑和振捣的一般要求

① 浇筑混凝土应分段分层进行，每层浇筑高度应根据结构特点、钢筋疏密而定，一般为振捣器作用部分长度的 1.25 倍，最大不超过 50cm。

② 采用插入式振捣器振捣应快插慢拔，插点应均匀排列，逐点移动、顺序进行，均匀振实，不得遗漏。移动间距不大于振捣棒作用半径的 1.5 倍，一般为 30~40cm。振捣上一层时应插入下层 50mm，以消除两层间的接槎。

③ 浇筑应连续进行，如有间歇应在混凝土初凝前接缝，一般不超过 2h，否则应按施工缝处理。

（2）混凝土浇筑完毕后，应在 12h 以内加以适当覆盖、浇水养护，正常气温每天浇水不少于二次，同时不少于 7d。

6.8 密封

（1）上层墙体吊装。在混凝土强度等级达到设计要求后，可以进行上层墙体吊装。

（2）塞入 PE 棒。接缝密封处，先塞入适合大小的 PE 棒。

（3）打胶。接缝口用胶枪注胶。注胶要均匀饱满，一次成型，确保没有缝隙，防止渗水情况出现。

7. 质量标准

施工前、施工时与施工后对各分项工程进行检测。检测方法多种多样，对于混凝土强度、钢筋接头等需做力学试验的，应把试验件拿到有测试资格的单位进行试验；在标高控制方面，如挖土深度、模板标高等，用水准仪检测；对于构件截面尺寸、轴线之间距离，可用长尺测量；对于建筑物的垂直度等可用经纬仪或靠尺测量；检测平整度可用直尺与塞尺等；检测砌体砂浆饱满度，可用百格网。总之检测的方法多种多样，也可以几种方法一起使用。为保证工程质量而配备的大量计器，如卷尺、靠尺、水准仪、塞尺、经纬仪及各种测试仪表等，都应经过专业测试，并由专人保管，以保证其精确度，满足质量检测的要求。

8. 施工要点

（1）预制构件进场需要检查构件的完整性，保存时注意不得磕碰。

（2）安装完成后应注意成品保护。

9. 思考与练习

（1）雨篷与露台、阳台有什么区别？

（2）预制混凝土雨篷的施工要点包含哪些？

任务 1.14 预制钢筋混凝土空心楼板

1. 学习任务

（1）掌握预制钢筋混凝土空心楼板施工工艺流程。

（2）掌握预制钢筋混凝土空心楼板施工的细部节点构造。

（3）了解预制钢筋混凝土空心楼板的施工质量控制措施。

2. 预备知识

（1）预制钢筋混凝土楼板是指在构件预制加工厂或施工现场外预先制作，然后运到工地现场进行安装的钢筋混凝土楼板。预制板的长度一般与房屋的开间或进深一致，常用类型分为实心平板、槽型板和空心板三种。

（2）预制钢筋混凝土空心楼板适用于大跨度框架结构的建筑物，因其具有沿着板体全长的管状空腔，使得板材比相同厚度或强度的块状实心混凝土楼板轻，也减少了楼板的挠度。

3. 施工示意（图1-16）

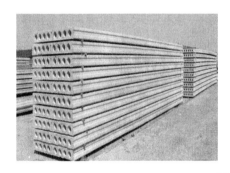

图 1-16　预制钢筋混凝土空心楼板示意图

4. 原材料

预制空心楼板、砂浆、钢筋、混凝土、砂浆、细石混凝土。

5. 主要施工机具

（1）工具：钢卷尺、撬棍。

（2）机械：振捣棒。

6. 主要施工流程

测量放线→砂浆找平→吊装预制空心楼板→楼板连接→圈梁施工→板缝处理→验收。

6.1 测量放线

（1）根据图纸设计放出每块空心板的位置，控制好板与板之间的间距。搭接长度要符合规范要求。

（2）测量墙顶及梁顶的标高，做出标记，确认找平层厚度，保证标高的准确性。

6.2 砂浆找平

根据放出的标高标记，用砂浆找平，使空心楼板放置时可以平稳。

6.3 吊装预制空心楼板

吊装构件前，要先检查楼板吊架、钢丝绳、吊装带、卸扣、吊钩等吊具是否合格。吊装施工时，吊具要根据构件的形状、尺寸和重量进行配制，正式吊装前，应先进行试吊，确认可靠后，方可进行吊装作业。楼板就位时，应对准所划定的位置线，慢降到位、稳定落实，可使用撬棍轻轻调整，以达到精确位置。

6.4 楼板连接

楼板之间连接如图 1-17 所示。

6.5 圈梁施工

空心楼板四周，在墙顶及梁顶上，需要增加一圈圈梁。圈梁选择合适的钢筋尺寸，在外面绑扎完成后，整体放入圈梁处。圈梁混凝土采用一般混凝土，浇筑时要振捣密实。

6.6 板缝处理

板缝之间的空隙用细石混凝土填塞，填塞要饱满，可以用钢筋棍等工具戳捣，确保填塞的密实度。

图 1-17　楼板连接

7. 质量标准

质量标准应符合表 1-8 中的相关要求。

表 1-8　检测项目及相关要求

序号	检测项目	允许偏差 /mm	检验方法
1	板的完好性（放置方式正确，有无缺损、裂缝等）	按标准	目测
2	楼层控制线位置	±2	钢卷尺检查
3	每块外墙板（尤其是四大角板）的垂直度	±2	吊线、2m 靠尺检查，抽查 20%（四大角全数检查）
4	紧固度（螺栓帽、斜撑杆、焊接点等）		抽查 20%
5	阳台、凸窗支撑牢固拉结，立体位置准确	±2	目测、钢卷尺全数检查
6	楼梯（支撑牢固，下对齐）标高	±2	目测、钢卷尺全数检查
7	止水条、金属止浆条（牢固、无破坏）位置正确	±2	目测
8	产品保护（窗、瓷砖）	措施到位	目测
9	板与板的缝宽	±2	楼层内抽查至少 6 条竖缝（楼层结构面 +1.5m 处）

8. 施工要点

（1）在底部结构正式施工前，必须布设好上部结构施工所需的轴线控制点，所设的基准点组成一个闭合环线，以便进行复核和校正。

（2）楼层观测孔的施工放样，应在底层轴线控制点布设后，用线锤把该层底板的轴线基准点引测到顶板施工面，用此方法把观测孔位预留正确，确保工程质量。

（3）用钢卷尺工作应进行钢卷尺鉴定误差、温度测定误差的修正，并消除定线误差、钢卷尺倾斜误差、拉力不均匀误差、钢卷尺对准误差、读数误差等。

（4）每层轴线之间的偏差为 ±3mm，层高垂直偏差为 ±5mm。所有测量计算值均应列表，并应有计算人、复核人签字。在仪器操作上，测站与后视方向应用控制网点，避免转站而造成积累误差。定点测量应避免垂直角大于 45°。对易产生位移的控制点，使用前应进行校核。在 3 个月内，必须对控制点进行校核，避免因季节变化而引起的误差。在施工过程中，要加强对层高和轴线以及净空、平面尺寸的测量复核工作。

9. 思考与练习

（1）预制钢筋混凝土空心楼板的优点有哪些？

（2）预制钢筋混凝土空心楼板的板缝应如何处理？

任务 1.15 锚固式楼梯

1. 学习任务

（1）掌握锚固式楼梯施工工艺流程。

（2）掌握锚固式楼梯施工的细部节点构造。

（3）了解锚固式楼梯的施工质量控制措施。

2. 预备知识

（1）锚固式预制楼梯包括预制楼梯、下端叠合平台和上端叠合平台。下端叠合平台和上端叠合平台均包括预制层和现浇层，上部预留双排钢筋锚固在上端叠合平台的现浇层内，下部预留双排钢筋锚固在下端叠合平台的现浇层内。

（2）锚固式楼梯可提高预制楼梯段和楼梯平台的连接强度，增强楼梯的整体性，满足工业化生产的要求。

3. 施工示意（图 1-18）

图 1-18　锚固式楼梯示意图

4. 原材料

钢筋、混凝土、砂浆等。

5. 主要施工机具

（1）工具：灰铲、钢卷尺、铅笔、墨斗、撬棍。

（2）机械：水准仪、经纬仪、吊架。

6. 主要施工流程

施工准备→清理基层→测量放线→安装面找平→吊装预制楼梯→绑扎钢筋→混凝土浇筑→成品保护→验收。

6.1 清理基层

清理楼梯吊装的接触面，用灰铲清理干净上面的浮浆，并用笤帚清扫干净。

6.2 测量放线

根据已知楼层控制线，准确放出预制楼梯的定位线。定位线要精准，因为装配式结构以拼接为主，若出现较大误差，就有可能造成其他部分无法拼接对准。楼梯下段的控制线，采用经纬仪将控制点引下去，确保楼梯的定位准确。

6.3 安装面找平

在楼梯边缘粘贴一道聚苯条，内部用砂浆找平，找平面误差要符合规范要求，高度满足设计要求。

6.4 吊装预制楼梯

吊装楼梯使用专用吊架，楼梯采用 4 点起吊，吊装钢绳为两短两长，长短比例符合楼梯倾斜坡度。就位时楼梯板要从上垂直向下安装，在作业层上空 500mm 处略微停顿，施工人员手扶构件调整方向，将楼梯板的边线与梯梁上的安装控制线对准，放下时要停稳慢放。根据弹出的预制楼梯位置控制线，可使用撬棍轻轻调整构件，以达到准确位置。

6.5 绑扎钢筋

在楼梯吊装到位后，绑扎楼梯与板面钢筋。楼梯预留钢筋搭接要符合规范要求，搭接长度满足设计要求，每处搭接点需要绑扎三道扎丝，并注意检查钢筋数量、规格。

6.6 混凝土浇筑

混凝土浇筑前需要洒水湿润，并且清理干净浇筑作业面上的垃圾、杂物，浇筑时随振捣随抹平，及时拉线测量板面的标高是否符合设计要求。

6.7 成品保护

混凝土浇筑完成后及时洒水养护，防止板面开裂。未达到设计强度时不能上人施工。使用木模板保护楼梯棱角，防止施工时破坏楼梯，影响交付。

楼梯临边安装防护栏杆，防止安全事故发生。

7. 质量标准

（1）在底部结构正式施工前，必须布设好上部结构施工所需的轴线控制点，所设的基准点组成一个闭合环线，以便进行复核和校正。

（2）楼层观测孔的施工放样，应在底层轴线控制点布设后，用线锤把该层底板的轴线基准点引测到顶板施工面，用此方法把观测孔位预留正确，确保工程质量。

（3）用钢卷尺工作应进行钢卷尺鉴定误差、温度测定误差的修正，并消除定线误差、钢卷尺倾斜误差、拉力不均匀误差、钢卷尺对准误差、读数误差等。

（4）每层轴线之间的偏差为 ±3mm，层高垂直偏差为 ±5mm。所有测量计算值均应列表，并应有计算人、复核人签字。在仪器操作上，测站与后视方向应用控制网点，避免转站而造成积累误差。定点测量应避免垂直角大于 45°。对易产生位移的控制点，使用前应进行校核。在 3 个月内，必须对控制点进行校核，避免因季节变化而引起的误差。在施工过程中，要加强对层高和轴线以及净空、平面尺寸的测量复核工作。

8. 施工要点

（1）预制构件应正向吊装、运输和堆放。构件运输和堆放时，垫木应放在吊环附近，并高于吊环，上下对齐。

（2）堆放场地应平整夯实，下面铺垫板。预制楼梯每垛码放不宜超过 6 块。

（3）预制楼梯安装后，应及时将踏步面加以保护（可用 18mm 厚的夹板进行保护），避免施工中将踏步棱角损坏。

9. 思考与练习

（1）楼梯的踏步宽度和踏步高度的尺寸应符合什么要求？

（2）锚固式楼梯的施工流程是怎样的？

模块 2　装配式细部节点构造

任务 2.1　预制外墙构造缝施工

1. 学习任务

（1）掌握预制外墙构造缝施工工艺流程。

（2）掌握预制外墙构造缝施工的细部节点构造。

（3）了解预制外墙构造缝的施工质量控制措施。

2. 预备知识

装配式预制外墙接缝构造是左右或上下相邻的两片预制外墙板形成的接缝，包括左侧预制外墙板和右侧预制外墙板形成的竖向接缝、上侧预制外墙板和下侧预制外墙板形成的水平接缝、竖向接缝和水平接缝交汇形成的十字接缝。

3. 施工示意（图 2-1）

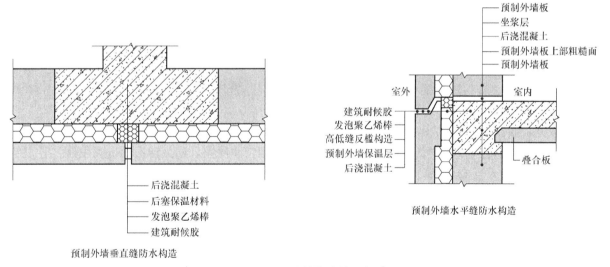

图 2-1　预制外墙构造缝示意图

4. 原材料

美纹纸、泡沫棒、底漆、密封胶。

5. 主要施工机具

胶枪、刮刀、铲刀。

6. 主要施工流程

施工准备→确认接缝状态→基层清理→填充泡沫棒→贴美纹纸→刷底漆→打防水密封胶→刮平收光→拆除美纹纸。

6.1 确认接缝状态

用钢卷尺测量接缝的宽度，确认是否符合设计标准，上下宽度是否一致，接缝内是否有浮浆等残留物。

6.2 基层清理

将板缝内的浮浆和杂物用铲刀进行清除，然后用毛刷清理干净。

6.3 填充泡沫棒

在墙缝内塞入发泡聚乙烯棒等柔性材料，以消除混凝土构件因气候温度变化引起的形变。

6.4 贴美纹纸

沿预制墙板外侧的墙缝两侧各贴上一道美纹纸，目的是在处理墙缝时，防止两侧被防水剂污染。

6.5 刷底漆

在墙缝内部涂刷一层底漆，底漆应由密封胶厂家配置应用，不同底漆的操作条件和要求不同，操作时应严格按照说明书所述方法使用。必须在底漆完全干化后进行注胶，否则会使粘合力下降。

6.6 打防水密封胶

在底漆干化后立即进行注胶，注胶时应用一次完整的操作来完成。胶枪枪嘴的直径要小于注胶口厚度，使枪嘴伸入接口的二分之一深度，密封胶要均匀连续地以圆柱状挤出枪嘴，胶枪要均匀适度移动，不能断断续续，这样胶缝才能均匀饱满。水平缝注胶时，应从一侧向另一侧单向注，不能两面同时注胶；垂直注胶时，应自下而上注。

6.7 刮平收光

注胶完成后，使用刮刀由下往上用力将接口表面刮平整。

6.8 拆除美纹纸

待密封胶固化后，即可撕去墙缝两侧的美纹纸。去除美纹纸过程中，应注意不要污染其他部位，同时留意已修饰过的胶面，如有问题应马上修补。

7. 质量标准

（1）用钢卷尺工作应进行钢卷尺鉴定误差、温度测定误差的修正，并消除定线误差、钢卷尺倾斜误差、拉力不均匀误差、钢卷尺对准误差、读数误差等。

（2）每层轴线之间的偏差为 ±3mm，层高垂直偏差为 ±5mm。所有测量计算值均应列表，并应有计算人、复核人签字。在仪器操作上，测站与后视方向应用控制网点，避免转站而造成积累误差。定点测量应避免垂直角大于 45°。对易产生位移的控制点，使用前应进行校核。在 3 个月内，必须对控制点进行校核，避免因季节变化而引起的误差。在施工过程中，要加强对层高和轴线以及净空、平面尺寸的测量复核工作。

8. 施工要点

（1）外墙板勾缝前，应将板缝内混凝土和灰浆清理干净，保证各层空腔上下贯通。

（2）防水条宽度比槽宽 5mm，向里凹成弧形，上下搭接 15cm。

（3）水平缝防水台里边上部应塞油毡卷或聚苯乙烯条，如遇到板缝不规格的，插不进泡沫棒时，可满塞油膏处理。

9. 思考与练习

（1）预制外墙构造缝对主体结构的抗震性能会产生什么样的影响？

（2）如何保证预制外墙构造缝的施工质量？

任务 2.2 外墙缝排水管安装

1. 学习任务

（1）掌握外墙缝排水管安装施工工艺流程。

（2）掌握外墙缝排水管安装施工的细部节点构造。

（3）了解外墙缝排水管安装的施工质量控制措施。

2. 预备知识

为了更好地保证施工质量，装配式建筑的连接缝处理应遵循导水优于堵水、排水优于防水的原则。除进行防水处理外，通过设计合理的排水路径将可能渗入的水引导到排水构造中，然后排出室外，可有效避免其进一步渗透到室内。

3. 施工示意（图 2-2）

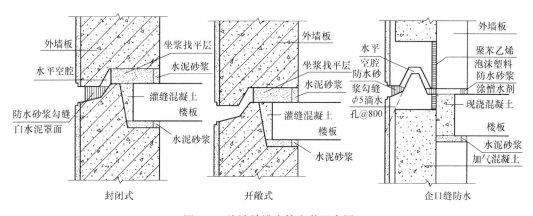

图 2-2 外墙缝排水管安装示意图

4. 原材料

美纹纸、泡沫棒、底漆、密封胶。

5. 主要施工机具

胶枪、刮刀、铲刀。

6. 主要施工流程

施工准备→确认接缝状态→基层清理→填充泡沫棒→贴美纹纸→刷底漆→填塞密封胶→安装排水管→刷底漆→打防水密封胶→刮平收光→拆除美纹纸。

6.1 确认接缝状态

用钢卷尺测量接缝的宽度，确认是否符合设计标准，上下宽度是否一致，接缝内是否有浮浆等残留物。

6.2 基层清理

将板缝内的浮浆和杂物用铲刀进行清除，然后用毛刷清理干净。

6.3 填充泡沫棒

在墙缝内塞入发泡聚乙烯棒等柔性材料，以消除混凝土构件因气候温度变化引起的形变。

6.4 贴美纹纸

沿预制墙板外侧的墙缝两侧各贴上一道美纹纸，目的是在处理墙缝时，防止两侧被防水剂污染。

6.5 刷底漆

在墙缝内部涂刷一层底漆，底漆应由密封胶厂家配置应用，不同底漆的操作条件和要求不同，操作时应严格按照说明书所述方法使用。必须在底漆完全干化后进行注胶，否则会使粘合力下降。

6.6 填塞密封胶

先在排水管下方填充密封胶，填充时要密实饱满，以阻挡水继续下渗，同时方便排水管的安装固定。

6.7 安装排水管

安装前检查排水管是否通透。排水管应选择直径在 8mm 以上的管子，安装时应保证排水管突出外墙部分至少 5mm，注意墙面与排水管颜色的统一。

6.8 打防水密封胶

在底漆干化后立即进行注胶，注胶时应用一次完整的操作来完成。胶枪枪嘴的直径要小于注胶口厚度，使枪嘴伸入接口的二分之一深度，密封胶要均匀连续地以圆柱状挤出枪嘴，胶枪要均匀适度移动，不能断断续续，这样胶缝才能均匀饱满。水平缝注胶时，应从一侧向另一侧单向注，不能两面同时注胶；垂直注胶时，应自下而上注。

6.9 刮平收光

注胶完成后，使用刮刀由下往上用力将接口表面刮平整。

6.10 拆除美纹纸

待密封胶固化后，即可撕去墙缝两侧的美纹纸。去除美纹纸过程中，应注意不要污染其他部位，同时留意已修饰过的胶面，如有问题应马上修补。

7. 质量标准

（1）对基面应适当洒水湿润，抹第一遍抗裂砂浆厚度应在 3~4mm 左右，表面比两侧墙体厚度应低 2~3mm。

（2）压网格布与两侧墙体搭接长度不宜小于 100mm。

（3）阴阳角应保持顺直、方正。

8. 施工要点

（1）外墙板勾缝前，应将板缝内混凝土和灰浆清理干净，保证各层空腔上下贯通。

（2）防水条宽度比槽宽 5mm，向里凹成弧形，上下搭接 15cm。

（3）水平缝防水台里边上部应塞油毡卷或聚苯乙烯条，如遇到板缝不规格的，插不进泡沫棒时，可满塞油膏处理。

9. 思考与练习

（1）为什么选择安装外墙缝排水管？

（2）外墙缝排水管安装的施工流程包含哪些？怎样保证防水质量？

任务 2.3　后浇节点钢筋绑扎

1. 学习任务

（1）掌握后浇节点钢筋绑扎施工工艺流程。

（2）掌握后浇节点钢筋绑扎施工的细部节点构造。

（3）了解后浇节点钢筋绑扎的施工质量控制措施。

2. 预备知识

（1）套筒挤压连接工艺的基本原理是：将两根待接钢筋端头插入优质钢套筒后，用液压压接钳径向挤压套筒，使之产生冷塑性变形而收缩，套筒部分内周壁因变形而紧密嵌入变形钢筋的凹面内，由此产生摩擦力和抗剪力来传递钢筋连接处的轴向荷载。

（2）同一连接区段内，纵向受拉钢筋接头百分率应符合设计要求，当设计无具体要求时，应符合如下规定：对梁类、板类及墙类构件，不宜大于 25%；对柱类构件，不宜大于 50%；当工程中确有必要增大接头面积百分率时，对梁类构件不应大于 50%，对其他构件可根据实际情况放宽。

3. 施工示意（图 2-3）

图 2-3　后浇节点钢筋绑扎示意图

4. 原材料

钢筋、保护层卡子。

5. 主要施工机具

钢卷尺、铅笔、墨斗、錾子、锤子、钢筋钩子。

6. 主要施工流程

粘贴保温板条→清理基层→绑扎连接钢筋→绑扎竖向钢筋→设置保护层卡子→自检与验收。

6.1 粘贴保温板条

外墙三明治墙板接缝处，保温板有 6cm 间距，在绑扎钢筋前需要用保温板填补。用钢卷尺测量板缝间距，确定需要填补的保温板宽度，切割出合适的保温板条，用粘接剂涂刷后，粘贴到合适的位置。

6.2 清理基层

用錾子清理板面处的浮浆，并将连接面凿毛，用扫帚和吹风机清理干净渣子和落下的灰尘。

6.3 绑扎连接钢筋

根据图纸的配筋设计，安置后浇段节点中腹墙的附加连接钢筋，连接钢筋应与预留钢筋对齐，并应距预制构件边缘 ≥ 10mm。

6.4 绑扎竖向钢筋

后浇节点竖向受力钢筋绑扎可以采用搭接绑扎，也可以采用套筒连接。搭接绑扎注意搭接长度符合规范要求，搭接段需要用扎丝绑扎 3 道。

6.5 设置保护层卡子

将竖向受力钢筋绑扎完成后，需要安装钢筋保护层卡子。

6.6 自检与验收

用钢卷尺检查连接箍筋间距是否符合规范要求，保护层卡子是否在墙体范围内。

7. 质量标准

（1）同一构件中相邻纵向受力钢筋的绑扎搭接接头宜相互错开。

（2）绑扎接头钢筋的横向净距不应小于钢筋直径，且不应小于 25mm。钢筋绑扎接头连接区段的长度为 $1.3L_1$，L_1 为搭接长度。

（3）凡搭接接头中点位于该区段的长度内的搭接接头均属于同一区段。

（4）同一连接区段内，纵向受拉钢筋搭接接头面积百分率应符合设计要求。

（5）当设计无具体要求时，应符合下列规定：对梁类、板类及墙类构件，不宜大于 25%；对柱类构件，不宜大于 50%。

（6）当工程确有必要增大接头面积百分率时，对梁类构件不应大于 50%，对其他构件可根据实际情况放宽。

8. 施工要点

（1）钢筋绑扎完成后禁止随意攀登踩踏。

（2）禁止随意弯折钢筋。

（3）注意做好钢筋防锈处理。

9. 思考与练习

（1）如何控制钢筋的混凝土保护层？

（2）同一连接区段内，纵向受拉钢筋接头百分率应符合哪些要求？

任务 2.4　后浇节点模板安装

1. 学习任务

（1）掌握后浇节点模板安装施工工艺流程。

（2）掌握后浇节点模板安装施工的细部节点构造。

（3）了解后浇节点模板安装的施工质量控制措施。

2. 预备知识

（1）装配式混凝土模板一般使用铝合金模板。铝合金模板体系由模板系统、支撑系统、紧固系统、附件系统组成。

（2）模板系统构成混凝土结构施工所需的封闭面，保证混凝土浇筑时建筑结构成型；支撑系统在混凝土结构施工过程中起支撑作用，保证楼面、梁底及悬挑结构的支撑稳固；紧固系统保证模板成型的结构尺寸，在浇筑混凝土过程中不产生变形，模板不出现涨模、爆模现象；附件系统为模板的连接构件，使单件模板连接成系统，组成整体。

3. 施工示意（图 2-4）

图 2-4　后浇节点模板安装示意图

4. 原材料

海绵条、模板、对拉螺栓、水泥撑棍。

5. 主要施工机具

钢卷尺、撬棍、吹风机、背楞、线锤、扳手。

6. 主要施工流程

施工准备→清理基层→测量放线→放置水泥撑棍→刷脱模剂→安装模板→自检与验收。

6.1 清理基层

模板安装前，需将墙根部清理干净，不得留有浮浆或者杂物。

6.2 测量放线

根据已知控制轴线，放出 100mm 的墙边线作为模板控制线，用于后期模板安装后进行定位检验。

6.3 放置水泥撑棍

水泥撑棍（图2-5）用于对墙体厚度的控制，模板内撑水泥撑棍，在模板加固的时候，不会因为对穿螺栓加固过紧造成墙体厚度不满足设计要求。

图2-5　水泥撑棍

6.4 刷脱模剂

模板安装之前，应先在模板表面涂刷一层脱模剂，主要目的是使混凝土在拆模时能顺利脱离模板，保持混凝土形状完整无损。

6.5 安装模板

安装模板前，沿节点边线外侧5mm贴宽20mm的海绵条，以保证下口和接缝严密，防止在浇筑混凝土时漏浆。

将模板安装到位后，调整位置，使模板的下端与边线对齐。模板的结构形式宜采用定型模板，如铝合金模板、定型钢木模板、轻量化模板等，可减少塔式起重机周转使用频率，节约施工工期。

在预制墙板构件外侧安装钢制加固背楞，其规格、间距及数量应根据模板的刚度而定。模板安装到位后，拧紧对拉螺栓两边的螺帽。

6.6 自检与验收

沿模板高度方向吊线锤，用卷尺测量墙面与吊线的垂直距离，同一竖向面取点不少于3个（下、中、上），同一面墙取点间距为500mm，以下点为标准复核墙面垂直度，出现误差应立即调整。

模板安装完成，经自检合格后，质量员填写模板安装工程检验批验收记录。

7. 质量标准

（1）模板安装应按设计与施工说明书拼装。木杆、钢管、门架及碗扣式等支架立柱不得混用。

（2）模板应具有足够的承载能力、刚度和稳定性，应能可靠承受新浇筑混凝土自重和测压力以及施工过程中所产生的荷载。

（3）拼装高度在2m以上的竖向模板，不得站在下层模板上拼装上层模板。安装过程中应设置临时固定设施。

（4）当承重焊接钢筋骨架和模板一起安装时，梁的侧模和底模必须固定承重焊接钢筋骨架的节点；在安装钢筋模板组合体时，吊索应按模板设计的吊点位置绑扎。

（5）施工时，在已安装好的模板上的实际荷载不得超过设计值。已承受荷载的支架和附件，不得随意拆除或移动。

8. 施工要点

（1）吊运模板时轻起轻放，防止碰撞，预防模板变形。

（2）仔细查看大模板的脱模、拆离是否彻底，相邻的模板（包括角模）用铁丝固定好，并打好支撑，防止其失去依靠或受撞击而倾倒。

9. 思考与练习

（1）装配式混凝土浇筑可采用的模板有哪些？

（2）模板拆除的顺序是怎样的？混凝土强度需要达到什么要求？

任务 2.5 后浇节点混凝土浇筑

1. 学习任务

（1）掌握后浇节点混凝土浇筑施工工艺流程。

（2）掌握后浇节点混凝土浇筑施工的细部节点构造。

（3）了解后浇节点混凝土浇筑的施工质量控制措施。

2. 预备知识

（1）混凝土的强度主要取决于水泥石强度及其骨料表面的黏结强度，而水泥石强度及其与骨料的黏结强度又与水泥强度等级、水灰比及骨料性质有密切关系，此外混凝土的强度还受施工质量、养护条件及龄期的影响。

（2）混凝土拌合物经浇筑振捣密实后，即进入静置养护期，使其中的水泥逐渐与水起水化作用而增加混凝土的强度。混凝土的凝结硬化是水泥水化作用的结果，而水泥的水化作用只有在适当的温度和湿度条件下才能顺利进行。在这期间应设法为水泥的顺利水化创造条件，称为混凝土的养护。

3. 施工示意（图 2-6）

图 2-6　后浇节点混凝土浇筑示意图

4. 原材料

砂浆、混凝土。

5. 主要施工机具

（1）工具：钢卷尺、斜支撑、独立支撑、吊线锤。

（2）机械：布料机、振捣棒。

6. 主要施工流程

施工准备→浇筑混凝土→振捣→拆模→养护→自检与验收。

6.1 混凝土入仓

（1）按先低后高进行卸料，以免泌水集中带走灰浆。

（2）由迎水面至背水面把泌水赶至背水面部分，然后处理集中的泌水。

（3）根据混凝土强度等级分区，先高强度后低强度分别进行下料，以防止高强度区的断面。

（4）要适应结构物特点，如浇筑有廊道、钢管或埋件的仓位，卸料必须两侧平齐，廊道、钢管两侧的混凝土高差不得超过铺料的层厚（一般为 30~50cm）。

6.2 混凝土振捣

依据振捣棒的长度和振动作用有效半径，有序地分层振捣，振捣棒移动距离一般可在 40cm 左右（小截面结构和钢筋密集节点以振实为度）。振捣时，严格控制振捣时间，一般在 20s 左右，严防漏振或过振。并应随时检查钢筋保护层和预留孔洞、预埋件及外露钢筋位置，确保预埋件和预应力筋承压板底部混凝土密实，外露面层平整。采用插入式振捣器振捣混凝土时，插入式振捣器的移动间距不宜大于振捣器作用半径的 1.5 倍，且插入下层混凝土内的深度宜为 50~100mm，与侧模保持 50~100mm 的距离。由于振捣工具的性能因素，混凝土的厚度太大时需要分层浇筑，每次浇筑所允许的铺混凝土厚度为振捣器作用部分长度的 1.25 倍，插入式振动器一般为 50cm，用平板振动器，则允许铺设厚度为 200mm，若是有些地区实在没有振捣器，而使用人工振捣，则一般铺设 200mm 左右，具体可根据钢筋的疏密程度来确定。

浇筑混凝土应连续进行，如有间歇应尽量短，并应在前一层混凝土浇筑初凝之前，将次层混凝土浇筑完成。间歇时间的长短应按所用水泥的品种、气温及混凝土凝结的条件确定。

浇筑竖向结构的混凝土时，在新浇筑的混凝土与原混凝土结合处，应浇筑与混凝土成分相同的水泥砂浆找平收面。混凝土浇筑工程中，当混凝土振捣完成后，表面要按工程要求处理，用铁抹子或木抹子在混凝土表面反复压抹，直到达到工程所要求的光洁表面。一般收面要两遍，在振捣完成后收一道面，最终是在将要初凝前几分钟收第二道面，这样混凝土面比较光滑且不易有裂缝。

7. 质量标准

（1）防止离析，保证混凝土的均匀性浇筑。当混凝土自由倾落高度较大时，易产生离析现象，若混凝土自由下落高度超过 2m，应沿溜槽下落；当混凝土浇筑深度超过 8m 时，则应采用带节管的振动串筒。

（2）分层浇筑，分层捣实。混凝土进行分层浇筑时，分层厚度可按相关规定。混凝土分层浇筑的间隔时间超过混凝土初凝时间时，会出现冷缝，使混凝土的抗渗、抗剪能力明显下降，严重影响混凝土的整体质量。在施工过程中，其允许间隔时间应符合规范要求。

（3）正确留置施工缝。施工缝是新浇筑混凝土与已经凝固混凝土的结合面，它是结构的薄弱部位，为保证结构的整体性，混凝土一般应连续浇筑，如因技术或组织上的原因不能连续浇筑，且停歇时间有可能超过混凝土的初凝时间时，则应预先确定在适当的位置留置施工缝。施工缝宜留在剪力较小且便于施工的部位。

8. 施工要点

（1）装配整体式结构预制构件后浇节点处的混凝土宜采用无收缩快硬普通硅酸盐水泥配制，其强度等级应比预制构件强度等级提高一级，且不应低于 30MPa。

（2）预制构件与后浇混凝土之间，经常由于两者收缩率的不同而产生裂缝。预制构件后浇节点处的混凝土采用无收缩快硬普通硅酸盐水泥配制，是避免此种裂缝产生的有效措施。

9. 思考与练习

（1）后浇节点混凝土的浇筑需要注意哪些问题？
（2）混凝土外加剂有哪些？各有何作用？

任务 2.6 内墙拼缝处理

1. 学习任务

（1）掌握内墙拼缝施工工艺流程。
（2）掌握内墙拼缝施工的细部节点构造。
（3）了解内墙拼缝的施工质量控制措施。

2. 预备知识

（1）抗裂砂浆是由聚合物乳液和外加剂制成的抗裂剂、水泥和砂子按一定比例加水搅拌制成的能满足一定变形而保持不开裂的砂浆。

（2）抗裂砂浆现场施工不需添加任何外加剂，施工时严格控制抗裂砂浆的配合比和抹灰时间；运输过程中应注意防潮、防雨、防暴晒；在储存过程中，应存放在干燥通风处，避免受潮；施工和储存温度要求在5℃以上。

3. 施工示意（图 2-7 ）

图 2-7 内墙拼缝处理示意图

4. 原材料

腻子、抗裂砂浆、网格布。

5. 主要施工机具

吹风机、角磨机、灰铲。

6. 主要施工流程

施工准备→清理、打磨→塞缝修补→抗裂砂浆拌制→抹抗裂砂浆→铺网格布→抹第二遍抗裂砂浆→自检与验收。

6.1 清理、打磨

用钢卷尺测量接缝的宽度，确认是否符合设计标准，上下宽度是否一致。用角磨机打磨墙体交接面，先打磨缝隙内部，再打磨缝隙周边，将表面浮浆打磨下去。

6.2 塞缝修补

用腻子塞缝，先修补缝内，再修补缝外。

6.3 抗裂砂浆拌制

用机械搅拌抗裂砂浆，拌合物应均匀、无结块，稠度控制在砂浆容易压实、同时不会往下流淌的状态。

6.4 抹抗裂砂浆

对基层面适当洒水湿润，然后抹第一遍抗裂砂浆。

6.5 铺网格布

网格布应展平，与墙体连接，保证网格布不弯曲、起拱。拼缝搭接宽度不应小于100mm。

6.6 抹第二遍抗裂砂浆

抗裂砂浆不应过厚，与墙面保持一个平面，同时应保证网格布不外露。在阴阳角位置，应注意保持阴阳角顺直。

7. 质量标准

（1）对基面应适当洒水湿润，抹第一遍抗裂砂浆厚度应在3~4mm左右，表面比两侧墙体厚度应低2~3mm。

（2）压网格布与两侧墙体搭接长度不宜小于100mm。

（3）阴阳角应保持顺直、方正。

8. 施工要点

（1）拼缝施工后，板缝不得受到振动或碰撞。

（2）防止太阳直射暴晒板缝。

（3）根据现场天气，对板缝采取适当养护。

9. 思考与练习

（1）内墙拼缝施工工艺流程是怎样的？

（2）为什么要使用抗裂砂浆？

任务 2.7 预制装配式混凝土梁柱节点

1. 学习任务

（1）掌握预制装配式混凝土梁柱节点施工工艺流程。

（2）掌握预制装配式混凝土梁柱节点施工的细部节点构造。

（3）了解预制装配式混凝土梁柱节点的施工质量控制措施。

2. 预备知识

（1）在装配式混凝土框架结构体系中，预制梁柱连接节点对结构性能如承载能力、结构刚度、抗震性能往往起到决定性作用，同时深远地影响着预制混凝土框架结构的施工可行性和建造方式。

（2）根据预制装配式梁底部钢筋连接方式不同，分为预制装配式梁底筋锚固连接和附加钢筋搭接连接。前者连接中，预制梁底外伸的纵向钢筋直接伸入节点核心区进行锚固；一般是将锚固钢筋端部弯折形成弯钩或者在钢筋端部增设锚固端头，来保证锚固质量、减小锚固长度。

3. 施工示意（图 2-8）

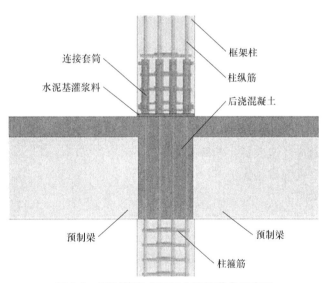

图 2-8 预制装配式混凝土梁柱节点示意图

4. 原材料

叠合梁、钢筋等。

5. 主要施工机具

钢卷尺、斜支撑、独立支撑、吊线锤、撬棍等。

6. 主要施工流程

套梁下柱箍筋→吊装叠合梁→叠合梁加固→钢筋绑扎→验收。

6.1 套梁下柱箍筋

根据梁锚固筋长度和高度关系，柱顶需要先套 1~2 道箍筋，防止架上叠合梁后无法套入箍筋。柱箍筋需要加密，加密数满足规范及设计图纸要求。

6.2 吊装叠合梁

叠合梁吊装使用专用吊具，吊装路线上不得站人。叠合梁缓慢落在已安装好的底部支撑上，叠合梁端应锚入柱内 15mm。叠合梁落位后，根据楼内 500mm 控制线，精确测量梁底标高，调节至设计要求。检查叠合梁的位置和垂直度，达到规范规定的允许范围。

6.3 叠合梁加固

分别在梁侧及楼板上的临时支撑预留螺母处安装支撑底座，支撑底座安装牢固可靠，无松动现象。利用可调式支撑杆将叠合梁与楼面临时固定，每个构件至少使用两根斜支撑进行固定，并要安装在构件的同一侧，确保构件稳定后方可摘除吊钩。

6.4 钢筋绑扎

梁钢筋直锚长度入柱内不小于 $0.4l_{aE}$ 且伸入到柱边，弯锚不小于 $5d$，梁柱接头区域柱箍筋需加密，加密数量满足规范要求。

7. 质量标准

（1）抗震等级为一、二级的叠合框架梁的梁端箍筋加密区宜采用整体封闭箍筋；当叠合梁受扭时宜采用整体封闭箍筋，且整体封闭箍筋的搭接部分宜设置在预制部分。

（2）当采用组合封闭箍筋时，开口箍筋上方两端应做成 135° 弯钩，框架梁弯钩平直段长度不应小于 $10d$，次梁弯钩平直段长度不应小于 $5d$。现场应采用箍筋帽封闭开口底箍，箍筋帽宜两端做成 135° 弯钩，也可做成一端 135°、一端 90° 弯钩，但 135° 弯钩和 90° 弯钩应沿纵向受力钢筋方向交错设置，框架梁弯钩平直段长度不应小于 $10d$，次梁 135° 弯钩平直段长度不应小于 $5d$，90° 弯钩平直段长度不应小于 $10d$。

（3）框架梁箍筋加密区长度内的箍筋肢距：一级抗震等级，不宜大于 200mm 和 20 倍箍筋直径的较大值，且不应大于 300mm；二、三级抗震等级，不宜大于 250mm 和 20 倍箍筋直径的较大值，且不应大于 350mm；四级抗震等级，不宜大于 300mm，且不应大于 400mm。

8. 施工要点

（1）预制梁放置在场地应注意保护，不得磕碰。
（2）预制梁安装完成后注意成品保护。
（3）注意钢筋的防锈处理。

9. 思考与练习

（1）怎样保证预制装配式混凝土梁柱节点处的施工质量？
（2）预制装配式混凝土梁柱节点处的施工应注意哪些问题？

任务 2.8 预制装配式混凝土主次梁连接节点

1. 学习任务

（1）掌握预制装配式混凝土主次梁连接节点施工工艺流程。

（2）掌握预制装配式混凝土主次梁连接节点施工的细部节点构造。

（3）了解预制装配式混凝土主次梁连接节点的施工质量控制措施。

2. 预备知识

（1）预制装配式混凝土主次梁连接节点常采用整浇式或搁置式连接形式。多数整浇式预制装配式混凝土主次梁连接中，预制主梁中部预留现浇区段，底筋连续，预制次梁底筋伸出端面，伸入预制主梁空缺区段内再后浇混凝土形成整体连接。由于预制主梁中部预留缺口，增加了预制和吊装难度，也可设置预制主梁不留缺口的整浇主次梁连接。

（2）搁置式预制装配式混凝土主次梁连接往往不连接下部次梁钢筋，仅在次梁端部设置突出台阶或者"扁担"钢板，搁置于预制主梁预留的小型缺口上。

3. 施工示意（图 2-9）

图 2-9 预制装配式混凝土主次梁连接节点示意图

4. 原材料

叠合梁、钢筋、海绵条等。

5. 主要施工机具

（1）机械：塔式起重机。

（2）工具：钢卷尺、斜支撑、独立支撑、吊线锤、撬棍等。

6. 主要施工流程

施工放线→安装梁底支撑→吊装叠合梁→叠合梁加固→安装次梁底支撑→吊装次梁→钢筋绑扎→贴海绵条→验收。

6.1 施工放线

根据楼层定位线，放出梁边线，作为梁定位的控制线。

6.2 安装梁底支撑

梁底支撑采用双排支撑体系，支撑位置要平衡、稳定。对于长度大于 4m 的叠合梁，底部不得少于 3 个支撑点，大于 6m 时不得少于 4 个。

6.3 吊装叠合梁

叠合梁吊装使用专用吊架，吊架保证吊绳的角度大于 60°。吊装线路上不能站人。叠合梁落位后，根据楼内 500mm 控制线，精确测量梁底标高，调节至设计要求。用吊线锤检查调整叠合梁的位置和垂直度，达到规范规定的允许范围。

6.4 叠合梁加固

叠合梁用斜支撑加固。梁侧面预留有连接孔，在地面用电钻钻孔，将膨胀螺栓放入孔内，斜支撑用螺栓固定稳定。叠合梁固定完成后，方可拆除吊钩。

6.5 安装次梁底支撑

梁底支撑采用双排支撑体系，支撑位置要平衡、稳定。对于长度大于 4m 的叠合梁，底部不得少于 3 个支撑点，大于 6m 时不得少于 4 个。

6.6 吊装次梁

次梁吊装同样要使用专用吊架，根据楼层内 500mm 控制线，调整次梁高度，同时核对主梁相对位置及高度是否符合设计要求。次梁下部钢筋伸入主梁内的锚固长度要 ≥ 12d。

6.7 钢筋绑扎

主次梁交接处主梁箍筋需要加密，加密区间距不大于 5d，且不大于 100mm。先穿入次梁面筋，次梁面筋在现浇层应贯通。再穿入主梁面筋，主梁面筋应在次梁面筋下方，用扎丝绑扎牢固。

6.8 贴海绵条

在主次梁接缝处粘贴海绵条，确保混凝土浇筑时不会漏浆。待叠合楼板施工完成后，一同进行混凝土浇筑。

7. 质量标准

（1）抗震等级为一、二级的叠合框架梁的梁端箍筋加密区宜采用整体封闭箍筋；当叠合梁受扭时宜采用整体封闭箍筋，且整体封闭箍筋的搭接部分宜设置在预制部分。

（2）当采用组合封闭箍筋时，开口箍筋上方两端应做成 135° 弯钩，对框架梁弯钩平直段长度不应小于 10d，次梁弯钩平直段长度不应小于 5d。现场应采用箍筋帽封闭开口箍，箍筋帽宜两端做成 135° 弯钩，也可做成一端 135°、一端 90° 弯钩，但 135° 弯钩和 90° 弯钩应沿纵向受力钢筋方向交错设置，框架梁弯钩平直段长度不应小于 10d，次梁 135° 弯钩平直段长度不应小于 5d，90° 弯钩平直段长度不应小于 10d。

（3）框架梁箍筋加密区长度内的箍筋肢距：一级抗震等级，不宜大于 200mm 和 20 倍箍筋直径的较大值，且不应大于 300mm；二、三级抗震等级，不宜大于 250mm 和 20 倍箍筋直径的较大值，且不应大于 350mm；四级抗震等级，不宜大于 300mm，且不应大于 400mm。

8. 施工要点

（1）吊装完成后注意保护预制梁棱角。
（2）注意保护主梁与次梁交接处钢筋。

9. 思考与练习

（1）预制装配式混凝土主次梁连接节点的施工方式有哪些？各有什么特点？
（2）如何保证预制装配式混凝土主次梁连接节点处的施工质量？

任务 2.9　大跨度、两段 PC 叠合梁（梁梁连接节点）

1. 学习任务

（1）掌握大跨度、两段 PC 叠合梁施工工艺流程。

（2）掌握大跨度、两段 PC 叠合梁施工的细部节点构造。

（3）了解大跨度、两段 PC 叠合梁的施工质量控制措施。

2. 预备知识

（1）PC 构件具有高效节能、绿色环保、降低成本等诸多优势。

（2）对于建筑工人来说，工厂中相对稳定的工作环境比复杂的工地作业安全系数更高；建筑构件的质量和工艺通过机械化生产能得到更好的控制；预制构件尺寸及特性的标准化能显著加快安装速度和建筑工程进度；与传统现场制模相比，工厂里的模具可以重复循环使用，综合成本更低；采用预制构件的建筑工地现场作业量明显减少，粉尘污染、噪声污染显著降低。

3. 施工示意（图 2-10）

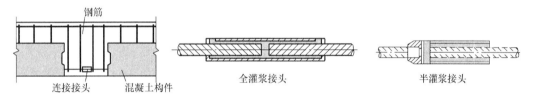

图 2-10　大跨度、两段 PC 叠合梁连接示意图

4. 原材料

叠合梁、钢筋。

5. 主要施工机具

（1）机械：塔式起重机。

（2）工具：钢卷尺、斜支撑、独立支撑、吊线锤、撬棍等。

6. 主要施工流程

施工放线→安装梁底支撑→吊装叠合梁→叠合梁加固→安装灌浆套筒→安装第二段叠合梁→套入箍筋→套筒灌浆→钢筋绑扎→验收。

6.1 施工放线

根据已知楼层控制线，准确放出叠合梁的定位线。定位线要精准，因为装配式结构以拼接为主，若出现较大误差，就有可能造成其他部分无法拼接对准。

6.2 安装梁底支撑

梁底支撑采用独立式三角支撑体系，支撑杆顶架设独立顶托，用工字木进行托梁。立杆间距符合规范要求，每排两根独立支撑。

6.3 吊装叠合梁

叠合梁吊装使用专用吊具，吊装路线上不得站人。叠合梁缓慢落在已安装好的底部支撑上，叠合梁端应锚入柱内 15mm。叠合梁落位后，根据楼内 500mm 控制线，精确测量梁底标高，调节至设计要求。检查并调整叠合梁的位置和垂直度，达到规范规定的允许范围。

6.4 叠合梁加固

分别在梁侧及楼板上的临时支撑预留螺母处安装支撑底座，支撑底座安装牢固可靠，无松动现象。利用可调式支撑杆将叠合梁与楼面临时固定，每个构件至少使用两根斜支撑进行固定，并要安装在构件的同一侧，确保构件稳定后方可摘除吊钩。

6.5 安装灌浆套筒

梁梁连接采用全灌浆套筒。全灌浆套筒接头两段均采用灌浆方式连接钢筋，适用于竖向构件（墙、柱）和横向构件（梁）的钢筋连接。

6.6 安装第二段叠合梁

第二段叠合梁安装工艺同第一段。

6.7 套入箍筋

在两段梁接头处先将箍筋按照图纸要求的数量放置完成，连接灌浆套筒，用生胶带缠住套筒两端，用以固定密封套筒。确保内部即使密封圈有泄露，也不至于发生漏浆现象。

6.8 套筒灌浆

使用灌浆机灌浆，确保灌浆密实、均匀，不漏浆。在灌浆料达到强度后，拆除生胶带。

6.9 钢筋绑扎

在灌浆强度达到设计标准后，将事先套入的箍筋按设计间距绑扎。后穿入抗剪钢筋和梁面筋，绑扎牢固。

7. 质量标准

（1）抗震等级为一、二级的叠合框架梁的梁端箍筋加密区宜采用整体封闭箍筋；当叠合梁受扭时宜采用整体封闭箍筋，且整体封闭箍筋的搭接部分宜设置在预制部分。

（2）当采用组合封闭箍筋时，开口箍筋上方两端应做成 135° 弯钩，对框架梁弯钩平直段长度不应小于 10d，次梁弯钩平直段长度不应小于 5d。现场应采用箍筋帽封闭开口箍，箍筋帽宜两端做成 135° 弯钩，也可做成一端 135°、一端 90° 弯钩，但 135° 弯钩和 90° 弯钩应沿纵向受力钢筋方向交错设置，框架梁弯钩平直段长度不应小于 10d，次梁 135° 弯钩平直段长度不应小于 5d，90° 弯钩平直段长度不应小于 10d。

（3）框架梁箍筋加密区长度内的箍筋肢距：一级抗震等级，不宜大于 200mm 和 20 倍箍筋直径的较大值，且不应大于 300mm；二、三级抗震等级，不宜大于 250mm 和 20 倍箍筋直径的较大值，且不应大于 350mm；四级抗震等级，不宜大于 300mm，且不应大于 400mm。

8. 施工要点

（1）在底部结构正式施工前，必须布设好上部结构施工所需的轴线控制点，所设的基准点组成一个闭合环线，以便进行复核和校正。

（2）楼层观测孔的施工放样，应在底层轴线控制点布设后，用线锤把该层底板的轴线基准点引测到顶板施工面，用此方法把观测孔位预留正确，确保工程质量。

（3）用钢卷尺工作应进行钢卷尺鉴定误差、温度测定误差的修正，并消除定线误差、钢卷尺倾斜误差、拉力不均匀误差、钢卷尺对准误差、读数误差等。

（4）每层轴线之间的偏差为 ±3mm，层高垂直偏差为 ±5mm。所有测量计算值均应列表，并应有计算人、复核人签字。在仪器操作上，测站与后视方向应用控制网点，避免转站而造成积累误差。定点测量应避免垂直角大于 45°。对易产生位移的控制点，使用前应进行校核。在 3 个月内，必须对控制点进行校核，避免因季节变化而引起的误差。在施工过程中，要加强对层高和轴线以及净空、平面尺寸的测量复核工作。

9. 思考与练习

（1）预制构件的优点有哪些？

（2）大跨度、两段 PC 叠合梁在施工过程中应注意什么问题？

任务 2.10 大层高 PC 柱分段预制（柱柱连接）

1. 学习任务

（1）掌握大层高 PC 柱分段预制施工工艺流程。

（2）掌握大层高 PC 柱分段预制施工的细部节点构造。

（3）了解大层高 PC 柱分段预制的施工质量控制措施。

2. 预备知识

（1）装配式混凝土框架结构中，预制柱之间的连接往往关系到整体结构的抗震性能和结构抗倒塌能力，是框架结构在地震荷载作用下的最后一道防线。

（2）预制柱之间的连接常采用灌浆套筒连接，灌浆套筒埋于上部预制柱的底部，下部预制柱的钢筋伸出楼板现浇层。现场安装时，通过定位钢板等装置固定下部伸出钢筋，使得下部伸出钢筋与上部预制柱套筒位置一一对应。

3. 施工示意（图 2-11）

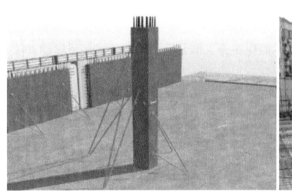

图 2-11 大层高 PC 柱分段预制示意图

4. 原材料

预制柱、钢筋、灌浆料。

5. 主要施工机具

（1）机械：灌浆机。

（2）工具：钢卷尺、斜支撑、独立支撑、吊线锤。

6. 主要施工流程

施工放线→基层清理→钢筋校正→垫片找平→预制柱吊装→安装斜支撑→垂直度校准→钢板连接→灌浆→验收。

6.1 施工放线

根据已知楼层控制线，准确放出预制柱的定位线。定位线要精准，因为装配式结构以拼接为主，若出现较大误差，就有可能造成其他部分无法拼接对准。测量人员选择柱角整齐无破损处量取柱子各面中心线，并用带刻度的纸条在柱子侧面对准粘贴。

6.2 基层清理

预制柱的交接面需要清理上面的灰尘，防止灌浆时有杂质混入，造成灌浆强度不够。

6.3 钢筋校正

将预先加工精准的钢筋定位框套入预留钢筋，对钢筋间距进行定位，同时调直歪斜钢筋，禁止将钢筋打弯。

6.4 垫片找平

测量预制柱结合面的水准高度，根据测量数据放置合适厚度的垫片进行吊装面找平。

6.5 预制柱吊装

吊装构件前，将 U 形卡与柱顶预埋吊环连接牢固。预制柱采用两点起吊，起吊时轻起快吊，在距离安装位置 500mm 时构件停止下降，将镜子放在柱下面，吊装人员手扶预制柱缓缓降落，确保钢筋对孔准确。钢筋进入套筒后，需要对准上下柱中点粘贴的纸条，两节预制柱中点偏差不能大于 2mm，若落位时偏差过大，需要将上节柱轻微抬起，施工人员重新对准。

6.6 安装斜支撑

分别在柱及楼板上的临时支撑预留螺母处安装支撑底座，支撑底座安装牢固可靠，无松动现象。利用可调式支撑杆将预制柱与楼面临时固定，每个构件至少使用两根斜支撑进行固定，并要安装在构件的两个侧面，斜支撑安装后成 90°，确保构件稳定后方可摘除吊钩。

6.7 垂直度校准

使用靠尺对柱的垂直度进行检查，对垂直度不符合要求的墙体，旋转斜支撑杆，直到构件垂直度符合规范要求。

6.8 钢板连接

上下两段预制柱，用钢板固定连接，初步固定，确保在施工灌浆期间不会造成柱子移动。

6.9 灌浆

预制柱周边用海绵胶条封口，确保灌浆时不会漏浆，将下方注浆口用圆胶塞封堵，仅留一个注浆。注浆机通过注浆口注浆，待上方出浆口出浆时逐个封堵。

7. 质量标准

（1）标高的控制：楼板以墙板顶下 10cm 处作为安装楼板标高的控制线，抹找平层后再吊装楼板。对于墙板安装，是在已吊装好的楼板面上，在每块墙板位置下边抹两个 1：3 水泥砂浆灰墩。为达到控制标高的作用，灰墩必须提前铺设、找平，达到一定强度后，方准吊装。

（2）铺灰：在墙板下两个找平灰墩以外区域，均匀铺灰，厚度高出水平墩 2cm。为保证灰浆的和易性，铺灰与吊装进度不应超过一间。一般情况下铺灰用 M10 混合砂浆，灰缝厚度大于 3cm 时，采用豆石混凝土。

（3）吊装：按逐间封闭顺序吊装，临时固定以操作平台为主。用拉杆、转角器解决楼梯间及不能放置操作平台房间板的固定。墙板安装时，各种相关偏差的调整原则是：

1）墙板轴线与垂直度偏差，应以轴线为主。

2）外墙板不方正时，应以立缝为主。

3）外墙板接缝不平时，应以满足外墙面平整为主。

4）外墙板上下宽度不一致时，宜均匀调整。

5）山墙大角与相邻板缝发生偏差时，以保证大角垂直为主。

6）内墙板不方正时，应满足门口垂直为主。

7）内墙板翘曲不平时，两边均匀调整。

8）同一房间大楼板分为两块板时，其拼缝不平，应以楼地面平整为主。

9）相邻两块大楼板高差超过 5mm 时，应用千斤顶进行调整。

8. 施工要点

（1）在底部结构正式施工前，必须布设好上部结构施工所需的轴线控制点，所设的基准点组成一个闭合环线，以便进行复核和校正。

（2）楼层观测孔的施工放样，应在底层轴线控制点布设后，用线锤把该层底板的轴线基准点引测到顶板施工面，用此方法把观测孔位预留正确，确保工程质量。

（3）用钢卷尺工作应进行钢卷尺鉴定误差、温度测定误差的修正，并消除定线误差、钢卷尺倾斜误差、拉力不均匀误差、钢卷尺对准误差、读数误差等。

（4）每层轴线之间的偏差为 ±3mm，层高垂直偏差为 ±5mm。所有测量计算值均应列表，并应有计算人、复核人签字。在仪器操作上，测站与后视方向应用控制网点，避免转站而造成积累误差。定点测量应避免垂直角大于 45°。对易产生位移的控制点，使用前应进行校核。在 3 个月内，必须对控制点进行校核，避免因季节变化而引起的误差。在施工过程中，要加强对层高和轴线以及净空、平面尺寸的测量复核工作。

9. 思考与练习

（1）如何保证大层高 PC 柱的精准定位？

（2）大层高 PC 柱的施工流程包含什么？

任务 2.11　叠合板与轻质隔墙连接

1. 学习任务

（1）掌握叠合板与轻质隔墙连接施工工艺流程。

（2）掌握叠合板与轻质隔墙连接施工的细部节点构造。

（3）了解叠合板与轻质隔墙连接的施工质量控制措施。

2. 预备知识

（1）轻质隔墙是指非承重轻质内隔墙，其特点是自重轻、墙身薄、拆装方便、节能环保，有利于建筑工业化施工。

（2）轻质隔墙工程所用材料的种类和隔墙的构造方法很多，按构造方式不同可分为砌块式、骨架式和板材式；按施工工艺不同可归纳为板材隔墙、骨架隔墙、活动隔墙、玻璃隔墙四种类型。

3. 施工示意（图 2-12）

图 2-12　叠合板与轻质隔墙连接示意图

4. 原材料

砂浆、角码。

5. 主要施工机具

（1）机械：塔式起重机、水准仪等。

（2）工具：钢卷尺、墨斗、靠尺、灰铲等。

6. 主要施工流程

施工准备→清理基层→测量放线→找平→墙板吊装→安装支撑→吊装叠合板→混凝土浇筑→自检与验收。

6.1 清理基层

吊装前，需要将轻质隔墙结合面浮尘清理干净，并进行拉毛处理，保证外墙结合处灌浆时能结合牢固。

6.2 测量放线

根据提前给定的定位轴线，按照图纸尺寸，用钢卷尺及经纬仪测量出轻质隔墙的定位点，偏差不能大于 4mm，用墨斗弹线，同时应弹出距墙边线 200mm 的测量定位线。

6.3 找平

用水准仪测量轻质隔墙结合面的水平高度，根据测量结果，选择合适厚度的垫片垫在轻质隔墙结合面处，确保轻质隔墙两端处于同一水平面。用砂浆根据垫片高度进行坐浆铺筑，确保轻质隔墙安装时能够放置平稳。

6.4 墙板吊装

吊装构件前，将万向吊环和内螺纹预埋件拧紧，预制墙板采用两点起吊，使用专用吊具。起吊时轻起快吊，在距离安装位置 500mm 时构件停止下降。对准后缓缓降落，落在墙体线内，用钢卷尺测量 200mm 处定位线。

6.5 安装支撑

用水平尺测量吊装的轻质隔墙的垂直度，调整到误差允许范围内，然后用角码固定，确保构件稳定后方可摘除吊钩。

6.6 吊装叠合板

轻质隔墙吊装固定完成后，可以进行叠合板施工，根据定位轴线准确地放置叠合板。

6.7 混凝土浇筑

（1）放置钢筋。轻质隔墙与叠合板采用钢筋连接，在轻质隔墙顶位置预留一个孔洞，从板面的预留孔插入钢筋。

（2）混凝土浇筑。混凝土浇筑板面的时候，注意提前将叠合板与轻质隔墙的连接孔洞灌入混凝土并振捣密实。

7. 质量标准

墙板安装允许偏差见表 2-1。

表 2-1 墙板安装允许偏差

项次	项目名称	允许偏差 /mm	检查方法
1	轴线位置	3	用钢卷尺检查
2	楼层层高	±5	用钢卷尺检查
3	全楼高度	±20	用钢卷尺检查
4	墙面垂直度	5	用 2m 靠尺和水平尺检查
5	板缝垂直度	5	用 2m 靠尺和水平尺检查
6	墙板拼缝高差	±5	用靠尺和塞尺检查
7	洞口偏移	8	吊线检查

8. 施工要点

（1）在底部结构正式施工前，必须布设好上部结构施工所需的轴线控制点，所设的基准点组成一个闭合环线，以便进行复核和校正。

（2）楼层观测孔的施工放样，应在底层轴线控制点布设后，用线锤把该层底板的轴线基准点引测到顶板施工面，用此方法把观测孔位预留正确，确保工程质量。

（3）用钢卷尺工作应进行钢卷尺鉴定误差、温度测定误差的修正，并消除定线误差、钢卷尺倾斜误差、拉力不均匀误差、钢卷尺对准误差、读数误差等。

（4）每层轴线之间的偏差为 ±3mm，层高垂直偏差为 ±5mm。所有测量计算值均应列表，并应有计算人、复核人签字。在仪器操作上，测站与后视方向应用控制网点，避免转站而造成积累误差。定点测量应避免垂直角大于 45°。对易产生位移的控制点，使用前应进行校核。在 3 个月内，必须对控制点进行校核，避免因季节变化而引起的误差。在施工过程中，要加强对层高和轴线以及净空、平面尺寸的测量复核工作。

9. 思考与练习

（1）如何保证叠合板与轻质隔墙连接处的施工质量？

（2）墙板安装允许偏差的尺寸是多少？

模块 3 支撑与围护体系

任务 3.1 独立式三脚架支撑与拆除

1. 学习任务

（1）掌握独立式三脚架支撑与拆除施工工艺流程。

（2）掌握独立式三脚架支撑与拆除施工的细部节点构造。

（3）了解独立式三脚架支撑与拆除的施工质量控制措施。

2. 预备知识

（1）独立式三脚架支撑的优点：支撑承载力大，高度调节方便，支设简单；加工制作简单，质量容易保证；支模和拆模简单、方便，提高了支模和拆模的速度，进而提高了周转材料的利用率，缩短了工期，降低了工程成本；可根据施工地点和施工项目的变化随意调整高度。

（2）钢支撑系统的构配件外观质量应符合下列要求。

①插管、套管应光滑、无裂纹、无锈蚀、无分层、无毛刺等。

②构配件防锈漆涂层应均匀，附着应牢固，油漆不得漏、皱等。

3. 施工示意（图 3-1）

图 3-1 独立式三脚架支撑示意图

4. 原材料

独立立杆、三脚架、工字木。

5. 主要施工机具

钢卷尺、独立支撑。

6. 主要施工流程

定位放线→安装第一根角立杆及三脚架→安装工字木两端立杆及三脚架→安装工字木→安装工字木中间立杆→标高调整→拆除。

6.1　定位放线

在墙上放出 1m 标高线，根据独立式三脚架平面布置位置点及尺寸定位放线，确定好第一根立杆的位置，且应保证现场操作空间（图 3-2）。

6.2　安装第一根角立杆及三脚架

根据确定好的第一根角立杆的位置，安装好第一根角立杆及三脚架（图 3-3）。

图 3-2　定位放线

图 3-3　安装第一根角立杆

6.3　安装工字木两端立杆及三脚架

根据首根立杆位置及平面布置安装工字木两端的立杆及三脚架（图 3-4）。

6.4　安装工字木

两端立杆安装完成后，安装工字木，工字木搭接长度不小于 300mm（图 3-5）。

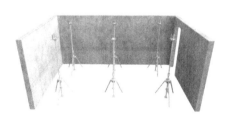

图 3-4　安装工字木两端的立杆及三脚架

图 3-5　安装工字木

6.5　安装工字木中间立杆

工字木超过 2400mm 时，工字木中间位置应增加立杆支撑，可不带三脚架（图 3-6）。

6.6　标高调整

用检测尺调整标高，保证架体的高差符合偏差允许值要求（图 3-7）。

图 3-6　安装中间立杆

图 3-7　标高调整

6.7　拆除

根据材料三层周转的要求，架体的拆除也分为三步。

① 上层叠合楼板及现浇层浇筑完毕，达到规定强度，下层架体三脚架可进行拆除（图 3-8）。

② 当完成至第三层施工后，对第一层工字木中间（不带三脚架）立杆可进行拆除，且拆除第二层三

脚架（图3-9）。

③ 当完成第四层施工后，对第一层独立式支撑整体支架进行拆除，第二层工字木中间立杆进行拆除，第三层三脚架进行拆除（图3-10）。

图3-8　拆除（一）

图3-9　拆除（二）

图3-10　拆除（三）

7. 质量标准

（1）立杆距墙边距离应符合图纸要求。

（2）立杆与立杆的间距不能大于1800mm。

（3）独立支撑体系的卸载、拆除须在楼板混凝土达到设计或规范规定的强度后方可进行。

（4）拆除时要按照拆除流程依次拆除，不能随意拆除。

（5）将拆下的所有材料分类存放。

8. 施工要点

（1）材料要求。独立支撑立杆采用 ϕ60mm 与 ϕ48mm、壁厚3mm 的钢管连接，木工字梁标准高度为200mm、宽度为80mm。支撑体系各构件必须功能齐全，且无损坏和明显变形，否则不得用于工程中。

（2）施工质量管理。为保证支撑体系施工质量，控制安全风险，设置两个停工验收点，即支撑体系基础验收、支撑体系验收。由安全员、技术员负责停工验收，验收合格后，方可进入下一道工序施工。支撑体系搭设时，应先搭设一个区域作为样板，区域样板验收合格后，才能大面积搭设。

支撑体系的施工验收要求如下。

1）验收人员：施工完成后由技术负责人组织技术内业人员、工长、质检员和安全员进行验收，确认合格后方可投入使用。

2）检查验收必须严肃认真进行，针对检查情况、整改结果填写检查内容，并签字齐全。

3）重点验收项目

① 带顶托的立杆与三脚架连接是否稳定。

② 安全设施、防坠装置是否齐全和安全可靠。

③ 基础是否平整坚实，支垫是否符合要求。

④ 立杆间距是否符合要求。

⑤ 工字木安装是否牢固，工字木上表面高差是否在允许范围内。

9. 思考与练习

（1）独立式三脚架的拆除顺序是怎样的？

（2）独立式三脚架立杆的间距应符合什么要求？

任务 3.2　外挂架作业平台安装

1.学习任务

（1）掌握外挂架作业平台安装施工工艺流程。

（2）掌握外挂架作业平台安装施工的细部节点构造。

（3）了解外挂架作业平台安装的施工质量控制措施。

2.预备知识

（1）建筑施工外挂架由支撑架、平台板组成。其特征是支撑架呈三角形，相对设置的两个三角支撑架设置在结构夹具的柱体上，三角支撑架之间设有联结拉杆；在三脚支撑架上设置作业平台板，顶面与作业平台板用螺栓连接；作业平台板之间搭设平台连接桥板，周边设有护栏。

（2）外挂架作业平台的优点是无需围绕主体在地面搭设脚手架和作业平台，可在现场预先将外挂架安装在结构主体上，再吊装主体，节省人力、物力；采用分体单片组装形式，便于解体存放，便于现场拼装。

3.施工示意（图 3-11）

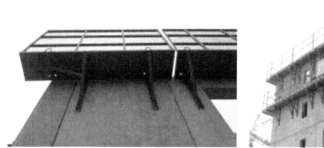

图 3-11　外挂架作业平台安装示意图

4.原材料

栏杆、防脱挂钩座、外墙板、外挂架、踏板。

5.主要施工机具

（1）机械：塔式起重机。

（2）工具：扳手、笤帚。

6.主要施工流程

施工准备→清理外墙面→安装防脱挂钩座→安装外挂架→安装踏板→安装栏杆→验收。

6.1 施工准备

根据楼型，提前设计好外挂架的尺寸。吊装方案需经过评定。外挂架定制完成，运输到场地内并检查合格。

6.2 清理外墙面

清理外墙面粘结的混凝土块，保证混凝土墙面光洁平整。安装外挂架时应平稳、稳固。

6.3 安装防脱挂钩座

防脱挂钩座安装在外墙面上，在外墙面加工时就预留螺栓孔。外墙吊装前，将防脱挂钩座提前安装在上面。将螺栓拧紧，测试挂钩座开关闭合是否顺畅，检查是否有破损裂纹。

6.4 安装外挂架

外墙板施工完成，达到设计强度，需要进行外墙施工时，则可以安装外挂架。挂钩置于外挂架平衡点位置，用钢丝绳起吊，落至挂钩座位置时，平缓落位，挂钩座需要进行封闭。安装过程中，严禁非安装人员上外挂架，安装人员上外挂架作业时，必须采取有效的安全防护措施。

6.5 安装踏板

安装第一层踏板，搭接长度不小于0.3m，落位时踏板端部定位销插入踏面钢板网孔。踏板安装顺序是由下往上，逐层安装。

6.6 安装栏杆

踏板安装完成后安装栏杆，栏杆高度要符合规范要求，搭接长度不小于0.3m，栏杆垂直挂在外挂架的外立面上。

6.7 验收

外挂架安装完成后，检查安全锁扣是否锁紧，安装是否平稳，检查合格后方可上人施工。

7. 质量标准

（1）踏板和栏杆的搭接长度应不小于0.3m。
（2）提前检查外挂架整体性和焊接焊缝的稳固性。
（3）安装顺序由下向上。

8. 施工要点

（1）安装完成的外挂架应注意保护连接件。
（2）确保外挂架完整无破损。

9. 思考与练习

（1）怎样保证外挂架作业平台的质量及安全？
（2）外挂架作业平台的安装顺序是怎样的？

任务 3.3 外挂架作业平台提升

1. 学习任务

（1）掌握外挂架作业平台提升施工工艺流程。
（2）掌握外挂架作业平台提升施工的细部节点构造。
（3）了解外挂架作业平台提升的施工质量控制措施。

2. 预备知识

（1）外挂架作业平台的钢支托架通常采用∟50×5的角钢焊接而成，也可采用槽钢、钢管等材料制作，钢支托架应能保持足够的刚度和承载力。
（2）防护栏杆通常由带底座的竖向钢栏杆柱管和水平杆组装而成，扣件采用普通直角扣件，也可以用角钢制作。

3. 施工示意（图 3-12）

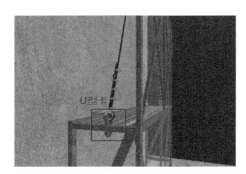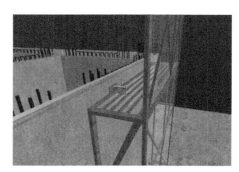

图 3-12　外挂架作业平台提升示意图

4. 原材料

栏杆、防脱挂钩座、外墙板、外挂架、踏板。

5. 主要施工机具

（1）机械：塔式起重机。
（2）工具：扳手、笤帚。

6. 主要施工流程

施工准备→清理外挂架→拆除栏杆→拆除踏板→外挂架提升→外挂架落位→安装踏板→安装栏杆→验收。

6.1 清理外挂架

在外挂架提升前，需要事先清理外挂架上的工具设备和外挂架上的垃圾，防止提升时掉落伤人。

6.2 拆除栏杆

栏杆的拆除顺序与安装顺序相反，遵守先装后拆、后装先拆的原则。

6.3 拆除踏板

栏杆拆除完成后，拆除踏板，踏板拆除的原则同栏杆，先装后拆、后装先拆。

6.4 外挂架提升

将吊钩U型卡安装到外挂架板上，挂钩置于外挂架平衡点位置，吊装前将挂钩座解锁。起吊时先缓缓吊出挂钩座，然后缓慢提升，保持架体垂直平稳，避免架体与建筑主体、挂钩座或相邻架体发生碰撞。

6.5 外挂架落位

缓慢平稳将外挂架吊入挂钩座，将挂钩座落锁后，方可摘除吊钩。

6.6 安装踏板

安装第一层踏板，搭接长度不小于0.3m，落位时踏板端部定位销插入踏面钢板网孔。踏板安装顺序由下往上，逐层安装。

6.7 安装栏杆

踏板安装完成后安装栏杆，栏杆高度要符合规范要求，搭接长度不小于0.3m，栏杆垂直挂在外挂架的外立面上。

6.8 验收

外挂架安装完成后，检查安全锁扣是否锁紧，安装是否平稳，检查合格后方可上人施工。

7. 质量标准

（1）踏板和栏杆的搭接长度应不小于0.3m。

（2）提前检查外挂架整体性和焊接焊缝的稳固性。

（3）安装顺序由下向上。

8. 施工要点

（1）安装完成的外挂架应注意保护连接件。

（2）确保外挂架完整无破损。

9. 思考与练习

（1）外挂架作业平台提升过程中应注意什么？

（2）外挂架作业平台的拆除顺序是怎样的？

任务 3.4 装配式临边防护

1. 学习任务

（1）掌握装配式临边防护施工工艺流程。

（2）掌握装配式临边防护施工的细部节点构造。

（3）了解装配式临边防护的施工质量控制措施。

2. 预备知识

（1）"五临边"防护，即在建工程的楼面临边、阳台临边、屋面临边、升降口临边、基坑临边的安全防护设施。

（2）临边防护必须设置 1m 以上的双层围栏或搭设安全网；临边高处作业防护栏杆应该自上而下用安全立网封闭；基坑、沟、槽开挖临边设置高度不小于 1.2m 的防护围栏。

3. 施工示意（图 3-13）

图 3-13 装配式临边防护示意图

4. 原材料

膨胀螺栓、螺栓、立杆、栏杆、安全标语。

5. 主要施工机具

电钻、钢卷尺、铅笔、墨斗、扳手。

6. 主要施工流程

测量放线→安装立杆→安装护栏→布置安全标志。

6.1 测量放线

根据已知楼层控制线，准确地放出临边防护的定位线，定位线要精准，确定好立杆的分配间距，使立杆的间距符合规范要求，同时保证美观。

6.2 安装立杆

使用电钻在已标记的位置打孔，深度与孔径依照图纸设计要求，打孔完毕后清理孔内的残渣。将膨胀螺栓放置到钻好的孔内。膨胀螺栓大小要和钻好的孔洞相匹配。将立柱放置于标记位置，并做临时加固，柱脚垫板应与基础面接触平整、密实。使用高强螺栓固定立杆，然后用扳手拧紧。立杆的高度至少大于 1200mm。

6.3 安装护栏

立杆安装完成后安装护栏。护栏与立杆采用连接头连接，连接头用螺栓固定。

6.4 布置安全标志

用钢丝将安全标语固定到栏杆上，常见的安全标语有："隐患险于明火，防范胜于救灾，责任重于泰山"；"为家庭幸福，请重视安全"；"安全生产，重在预防"；"安全来于警惕，事故出于麻痹"；"夯实安全基础，强化安全管理"；"安全做得细，大家都受益；安全搞得好，效益跑不了"；"严格要求安全在，松松垮垮事故来"；"落实安全规章制度，强化安全防范措施"。

7. 质量标准

（1）在坠落高度 2m 及以上的工作面进行临边作业时，应在临空一侧设置防护栏杆，并应用密目式安全立网或工具式栏板封闭。

（2）分层施工的楼梯口、楼梯平台和梯段边，应安装防护栏杆；外设楼梯口、楼梯平台和梯段边还应用密目式安全立网封闭。

（3）建筑物外围边沿处，应用密目式安全立网进行全封闭，有外脚手架的工程，密目式安全立网应设置在脚手架外侧立杆上，并与脚手杆紧密连接；没有外脚手架的工程，应用密目式安全立网将临边全封闭。

（4）施工升降机、龙门架和井架物料提升机等各类垂直运输设备设施与建筑物间设置通道平台两侧，应设置防护栏杆、挡脚板，并应用密目式安全立网或工具式栏板封闭。

（5）各类垂直运输接料平台口应设置高度不低于 1.80m 的楼层防护门，并应设置防外开装置；多笼井架物料提升机通道中间，应分别设置隔离设施。

8. 施工要点

（1）临边防护不得随意移动。

（2）注意保护安全标语。

9. 思考与练习

（1）装配式临边防护的施工流程是怎样的？

（2）装配式临边防护应符合哪些施工要求？

任务 3.5 叠合墙模板支撑

1. 学习任务

（1）掌握叠合墙模板支撑施工工艺流程。

（2）掌握叠合墙模板支撑施工的细部节点构造。

（3）了解叠合墙模板支撑的施工质量控制措施。

2. 预备知识

（1）铝合金模板全部采用定型化设计，工厂化生产制作，模板工程质量好；施工周期短，组装拆除方便，能够有效地缩短施工时间；稳定性好、承载力高。

（2）铝合金模板系统用铝合金板组装而成，形成整体框架。拆模后混凝土表面平整光洁，成型效果好，整体感官质量明显提高，可有效提升工程品质。

3. 施工示意（图 3-14）

图 3-14 叠合墙模板支撑示意图

4. 原材料

单层叠合混凝土剪力墙、钢筋、角码、模板。

5. 主要施工机具

钢卷尺、斜支撑、水管、扳手、靠尺。

6. 主要施工流程

墙板吊装→墙板固定→安装斜支撑→墙板钢筋绑扎→混凝土浇筑→养护。

6.1 墙板吊装

单层叠合墙吊装使用专用吊架，吊环预埋在叠合墙的预制部分，吊口朝上，吊装采用两点起吊，起吊时轻起快吊，在距离安装位置1000mm时构件停止下降。落位要准确，当墙板与定位线误差较大时，应重新将板吊起调整；当误差较小时，可用撬棍调整到准确位置。

6.2 墙板固定

墙板下方与楼板相连的位置采用角码固定。预制墙板提前预留螺栓孔，楼板位置用电钻打孔，放入膨胀螺栓，用角码进行固定。相邻两块板之间粘贴防水胶带，用横向连接片固定。

6.3 安装斜支撑

墙板上方用斜支撑固定，分别在墙板及楼板上的临时支撑预留螺母处安装支撑底座，支撑底座安装牢固可靠，无松动现象。利用可调式支撑杆将墙体与楼面临时固定，每个构件至少使用两根斜支撑进行固定，并要安装在构件的同一侧，确保构件稳定后方可摘除吊钩。使用靠尺对墙体的垂直度进行检查，对垂直度不符合要求的墙体，旋转斜支撑杆，直到构件垂直度符合规范要求。

6.4 墙板钢筋绑扎

墙板钢筋绑扎前需要检查预留钢筋，若有间距不均匀、钢筋歪斜的情况应及时调整。钢筋绑扎注意与桁架钢筋相连，用扎丝绑扎牢固，钢筋间距符合规范要求。

6.5 混凝土浇筑

钢筋绑扎完成后，经监理验收合格，方可进行下一步工序。单层叠合墙采用大钢模板，模板采用拼接，连接位置用螺栓连接。支撑座位置可以用海绵条封堵，防止漏浆。混凝土浇筑采用逐层浇筑，注意不要出现漏浆，振捣要密实。若产生涨模、爆模等情况应及时处理。

6.6 养护

拆除模板后，应及时洒水养护，养护时间不少于 7d。

7. 质量标准

质量标准应符合表 3-1 的相关要求。

表 3-1 允许偏差及检查方法

项次	项目名称	允许偏差 /mm	检查方法
1	轴线位置	3	用钢卷尺检查
2	楼层层高	±5	用钢卷尺检查
3	全楼高度	±20	用钢卷尺检查
4	墙面垂直度	5	用 2m 靠尺和水平尺检查
5	板缝垂直度	5	用 2m 靠尺和水平尺检查
6	墙板拼缝高差	±5	用靠尺和塞尺检查
7	洞口偏移	8	吊线检查

8. 施工要点

（1）绑扎好的钢筋不能踩踏攀登。

（2）注意保护叠合墙的完整性，不要磕碰棱角。

9. 思考与练习

（1）模板的类型有哪些？其适用范围分别是什么？

（2）叠合墙模板拆除时，混凝土强度应达到什么要求？

任务 3.6 叠合梁支撑

1. 学习任务

（1）掌握叠合梁支撑施工工艺流程。

（2）掌握叠合梁支撑施工的细部节点构造。

（3）了解叠合梁支撑的施工质量控制措施。

2. 预备知识

叠合梁按受力性能可分为"一阶段受力叠合梁"和"二阶段受力叠合梁"两类。前者是指施工阶段在预制梁下设有可靠支撑，能保证施工阶段作用的荷载不使预制梁受力而全部传给支撑，待叠合层后浇混凝土达到一定强度后再拆除支撑，而由整个截面来承受全部荷载；后者则是指在施工阶段，在简支的预制梁下不设支撑，施工阶段作用的全部荷载完全由预制梁承担。

3. 施工示意（图 3-15）

图 3-15　叠合梁支撑示意图

4. 原材料

叠合梁、钢筋等。

5. 主要施工机具

（1）机械：塔式起重机。

（2）工具：钢卷尺、斜支撑、独立支撑、吊线锤、撬棍等。

6. 主要施工流程

施工放线→安装梁底支撑→套梁下柱箍筋→吊装叠合梁→叠合梁加固→验收。

6.1 施工放线

根据已知楼层控制线，准确地放出叠合梁的定位线。定位线要精准，因为装配式结构以拼接为主，若出现较大误差，就有可能造成其他部分无法拼接对准。

6.2 安装梁底支撑

梁底支撑使用独立式三角支撑体系，支撑杆顶架设独立顶托，用工字木进行托梁。立杆间距符合规范要求，每排两根独立支撑。

6.3 套梁下柱箍筋

根据梁锚固筋长度和高度关系，柱顶需要先套 1~2 道箍筋，防止架上叠合梁后无法套入箍筋。柱箍筋需要加密，加密数满足规范及设计图纸要求。

6.4 吊装叠合梁

叠合梁吊装使用专用吊具，吊装路线上不得站人。叠合梁缓慢落在已安装好的底部支撑上，叠合梁端应锚入柱内 15mm。叠合梁落位后，根据楼内 500mm 控制线，精确测量梁底标高，调节至设计要求。检查并调整叠合梁的位置和垂直度，以达到规范规定的允许偏差范围。

6.5 叠合梁加固

分别在梁侧及楼板上的临时支撑预留螺母处安装支撑底座，支撑底座安装牢固可靠，无松动现象。利用可调式支撑杆将叠合梁与楼面临时固定，每个构件至少使用两根斜支撑进行固定，并要安装在构件的同一侧，确保构件稳定后方可摘除吊钩。

7. 质量标准

质量标准应符合表 3-2 的相关要求。

表 3-2　允许偏差及检验方法

项目		允许偏差 /mm	检验方法
构件中心线对轴线位置	基础	15	尺量检查
	竖向构件（柱、墙板、桁架）	10	
	水平构件（梁、板）	5	
构件标高	梁、板底面或顶面	±5	水准仪或尺量检查
	柱、墙板顶面	±3	
构件垂直度	柱、墙板　<5m	5	经纬仪测量
	≥5m 且 <10m	10	
	≥10m	20	
构件倾斜度	梁、桁架	5	吊线、尺量检查
相邻构件平整度	板端面	5	钢卷尺、塞尺测量
	梁、板下表面	5	
		3	
	柱、墙板侧表面	5	
		10	
构件搁置长度	梁、板	±10	尺量检查
支座、支垫中心位置	板、梁、柱、墙板、桁架	±10	尺量检查
接缝宽度		±5	尺量检查

8. 施工要点

（1）抗震等级为一、二级的叠合框架梁的梁端箍筋加密区宜采用整体封闭箍筋；当叠合梁受扭时宜采用整体封闭箍筋，且整体封闭箍筋的搭接部分宜设置在预制部分。

（2）当采用组合封闭箍筋时，开口箍筋上方两端应做成 135° 弯钩，对框架梁弯钩平直段长度不应小于 $10d$，次梁弯钩平直段长度不应小于 $5d$。现场应采用箍筋帽封闭开口箍，箍筋帽宜两端做成 135° 弯钩，也可做成一端 135°、一端 90° 弯钩，但 135° 弯钩和 90° 弯钩应沿纵向受力钢筋方向交错设置，框架梁弯钩平直段长度不应小于 10d，次梁 135° 弯钩平直段长度不应小于 5d，90° 弯钩平直段长度不应小于 10d。

（3）框架梁箍筋加密区长度内的箍筋肢距：一级抗震等级，不宜大于 200mm 和 20 倍箍筋直径的较大值，且不应大于 300mm；二、三级抗震等级，不宜大于 250mm 和 20 倍箍筋直径的较大值，且不应大于 350mm；四级抗震等级，不宜大于 300mm，且不应大于 400m。

9. 思考与练习

（1）框架梁箍筋加密区长度内的箍筋肢距应符合什么要求？

（2）叠合梁支撑的施工工艺流程是怎样的？

任务 3.7　预制柱支撑

1. 学习任务

（1）掌握预制柱支撑施工工艺流程。

（2）掌握预制柱支撑施工的细部节点构造。

（3）了解预制柱支撑的施工质量控制措施。

2. 预备知识

预制柱支撑可以有效防止预制柱在浇筑过程中移位；采用膨胀螺栓固定在楼板上，既稳固又方便，可以有效控制预制柱的垂直度；操作简单灵活，可自由调节，不仅节省了材料还大大减少了人工费用的支出。

3. 施工示意（图 3-16）

图 3-16　预制柱支撑示意图

4. 原材料

预制柱、砂浆、钢垫片。

5. 主要施工机具

（1）机械：灌浆机。

（2）工具：靠尺、水准仪、钢卷尺、斜支撑、钢筋定位框等。

6. 主要施工流程

施工放线→基层清理→钢筋校正→垫片找平→预制柱吊装→安装斜支撑→垂直度校准→验收。

6.1 施工放线

根据楼层已知控制线，放出预制柱的定位线和 200mm 控制线。放线要精准，因为装配式结构以拼接为主，若出现较大误差，就有可能造成框架梁无法拼接对准。

6.2 基层清理

用铲刀铲去交接面浮浆，然后用笤帚清扫干净，必要时可以用清水冲洗，但交接面不能出现有存水的情况，以确保灌浆时可以粘接牢固。

6.3 钢筋校正

将预先定制加工的钢筋定位框套入楼面上预留的钢筋，对有歪斜的钢筋使用扳手或者钢套管进行校正，不得弯折钢筋。若出现钢筋偏差过大的情况，可以将偏斜钢筋处的混凝土凿除，从楼面以下调整钢筋位置，然后用高强度等级混凝土修补。

6.4 垫片找平

用水准仪测量外墙结合面的水平高度，根据测量结果选择合适厚度的垫片垫在外墙结合面处，确保外墙两端处于同一水平面。

6.5 预制柱吊装

吊装构件前，将 U 型卡与柱顶预埋吊环连接牢固，预制柱采用两点起吊，起吊时轻起快吊，在距离安装位置 500mm 时构件停止下降。将镜子放在柱下面，吊装人员手扶预制柱缓缓降落，确保钢筋对孔准确。

6.6 安装斜支撑

分别在柱及楼板上的临时支撑预留螺母处安装支撑底座，支撑底座安装牢固可靠，无松动现象。利用可调式支撑杆将预制柱与楼面临时固定，每个构件至少使用两根斜支撑进行固定，并要安装在构件的两个侧面，斜支撑安装后成 90°，确保构件稳定后方可摘除吊钩。

6.7 垂直度校准

使用靠尺对柱的垂直度进行检查，对垂直度不符合要求的墙体，旋转斜支撑杆，直到构件垂直度符合规范要求。

7. 质量标准

质量标准应符合表 3-3 的相关要求。

表 3-3　允许偏差及检验方法

项目			允许偏差 /mm	检验方法
构件中心线对轴线位置	基础		15	尺量检查
	竖向构件（柱、墙板、桁架）		10	
	水平构件（梁、板）		5	
构件标高	梁、板底面或顶面		±5	水准仪或尺量检查
	柱、墙板顶面		±3	
构件垂直度	柱、墙板	<5m	5	经纬仪测量
		≥5m 且 <10m	10	
		≥10m	20	
构件倾斜度	梁、桁架		5	吊线、尺量检查
相邻构件平整度	板端面		5	钢卷尺、塞尺测量
	梁、板下表面		5	
			3	
	柱、墙板侧表面		5	
			10	
构件搁置长度	梁、板		±10	尺量检查
支座、支垫中心位置	板、梁、柱、墙板、桁架		±10	尺量检查
接缝宽度			±5	尺量检查

8. 施工要点

（1）预制构件进场后应检查构件完整性。

（2）预制构件安装后，注意不要随意磕碰、移动。

9. 思考与练习

（1）预制柱支撑施工流程包含什么？

（2）斜支撑的优点有哪些？

任务 3.8　装配式安全通道

1. 学习任务

（1）掌握装配式安全通道施工工艺流程。

（2）掌握装配式安全通道施工的细部节点构造。

（3）了解装配式安全通道的施工质量控制措施。

2. 预备知识

（1）当临街通道、场内通道、出入建筑物通道、施工电梯及物料提升机地面进料口作业通道处于坠落半径内或处于起重机起重臂回转范围内时，必须设置防护棚及防护通道，以避免发生物体打击事故。非通道口应设置禁行标志，禁止出入。

（2）特别重要或大型的安全通道、防护棚及悬挑式防护设施必须制定专项技术方案，经企业技术负责人审批后实施。

3. 施工示意（图 3-17）

图 3-17　装配式安全通道示意图

4. 原材料

方钢管、角钢、膨胀螺栓、普通螺栓、连接件、木板、安全标语、油漆等。

装配式安全防护所用材料全部在厂家按照图纸加工好，并做防锈防腐处理后，运送至现场进行组装。

5. 主要施工机具

（1）机械：电钻等。

（2）工具：钢卷尺、铅笔、墨斗、小卷尺、扳手、刷子等。

6. 主要施工流程

（1）整体场地进行平整、碾压，浇筑 200mm 厚 C20 混凝土。

（2）根据施工出入口的位置确定安全通道的搭设位置，根据图纸测量出立柱位置及螺栓孔位置，使用电钻在螺栓位置打眼。

（3）将立柱安装到指定位置，并做临时加固，注意柱脚垫板与基础面接触平整、密实，使用膨胀螺栓固定牢固。安装后及时校正垂直度、标高和轴线位置。

（4）将横梁用角钢安装到相应位置后，用连接件及螺栓固定，从上到下依次安装。

（5）将斜撑安装到相应位置并固定牢固。

（6）铺设上下层顶棚盖板，铺设木板时应注意板之间接触严密，上下层木板应垂直方向铺设。铺设好的盖板应用钢丝进行固定。

（7）通道门口及内侧挂置安全警示牌及标语。安全警示牌应醒目，大小合适。

7. 质量标准

（1）安全通道的各种材料在进入施工现场时，应进行检查验收，检查验收不合格的材料应及时清除出场。

（2）主要受力杆件的规格、杆件设置应符合专项施工方案的要求。

（3）地基应符合专项施工方案的要求，应平整坚实，垫板必须铺放平整，不得悬空。

（4）剪刀撑、斜撑等的加固杆件应设置齐全，连接可靠。

（5）搭设过程中门洞、转角等部位的构造应符合规定。

（6）在使用过程中，应经常对安全通道顶部进行检查与维护，并及时清理架体上的垃圾和杂物。

8. 施工要点

（1）材料要求。施工中所用到的钢材、螺栓、连接件的规格尺寸、性能指标、检验要求、尺寸偏差等必须满足设计要求及国家现行相关标准。

（2）构造要求。安全通道的立柱、横梁、斜撑的垂直度、水平度、稳固性必须满足规范要求。柱脚底板规格、位置正确，与基础接触平稳。立柱的垂直度偏差≤15mm，防护棚上下弦四周封闭，木板的材质及铺设符合设计要求，安全警示色喷涂清晰准确。

（3）技术要求。安全通道的安装必须严格按照设计图纸进行，所有螺栓必须紧固，安装完成后必须由项目部负责人组织专业人员进行检查验收，合格后方可使用。在施工期间，应由专人负责检查、保修工作。

9. 思考与练习

（1）装配式安全通道的施工流程是怎样的？

（2）装配式安全通道在施工过程中应注意哪些问题？

模块4 预制构件的加工、运输与堆放

任务4.1 预制构件的加工

1. 学习任务

（1）掌握预制构件加工施工工艺流程。

（2）掌握预制构件加工施工的细部节点构造。

（3）了解预制构件加工的施工质量控制措施。

2. 预备知识

（1）预制构件生产系统由预制构件生产线、钢筋生产线、混凝土拌和运输、蒸汽生产输送、车间门吊起运五大生产系统组成。

（2）预制构件生产分为移动式工厂预制和固定式工厂预制两种形式。无论何种预制方式，均应根据预制工程量的多少、构件的尺寸及重量、运输距离、经济效益等因素，理性进行选择，最终达到保证构件的预制质量和经济效益的目的。

3. 施工示意（图4-1）

图4-1 预制构件加工示意图

4. 原材料

钢筋、混凝土。

5. 主要施工机具

水准仪、清理机、喷油机、边模机、钢筋机、预埋机、布料机、振捣机、抹平机、拉毛机、养护窑、脱模机、翻板机。

6. 主要施工流程

钢筋加工绑扎→浇筑混凝土→混凝土养护→构件脱模→构件成品包装。

6.1 钢筋加工绑扎

钢筋加工和绑扎工序类似于传统工艺，但应严格保证加工尺寸和绑扎精度，构件钢筋在模具内的保护层厚度应严格控制。

6.2　浇筑混凝土

应按照混凝土设计配合比经过试配最终确定配合比,生产时严格控制水灰比和坍落度,浇筑和振捣应严格参照操作规程,防止漏振和过振。生产时应按照规定制作试块与构件同条件养护。

6.3　混凝土养护

预制构件初凝后开始养护,养护过程中禁止扰动混凝土。养护分为常温养护和加热养护,当气温过低或为了提高模具的周转率需要采取加热养护时,可以采取低温加热养护、电加热养护等方式。

6.4　构件脱模

预制构件脱模后,应及时对外观进行检查,对缺陷部位进行修补,表面观感质量应符合规范要求。

6.5　构件成品包装

经过质检合格的构件方可作为成品,可以入库或者运输发货,必要时应采取成品保护措施,如包装、护角和贴膜等措施。

7. 质量标准

质量标准应符合表 4-1 中的相关要求。

表 4-1　预制板成品尺寸允许偏差表

项　　目		允许偏差 /mm	检验方法
长度	板	±5	钢卷尺检查
	墙板	±5	
宽度	板、墙板	0,−5	钢卷尺量一端及中部,取其中较大值
高(厚)度	板	+2,−3	
	墙板	0,−5	
侧向弯曲	板	$L/1000$ 且 ≤ 15	拉线,钢卷尺量最大侧向弯曲处
	墙板	$L/1500$ 且 ≤ 15	
对角线差	板	7	钢卷尺量两个对角线
	墙板	5	
表面平整度	板、墙板	3	2m 靠尺和塞尺检查
翘曲	板、墙板	$L/1500$	调平尺在两端量测
相邻两板表面高低差		1	直尺和塞尺量测

8. 施工要点

(1)现浇墙、梁安装叠合板时,其混凝土强度要达到 4MPa 时方准施工。

(2)叠合板上的甩筋(锚固筋)在堆放、运输、吊装过程中要妥善保护,不得反复弯曲和折断。

(3)吊装叠合板,不得采用"兜底"多块吊运,应按预留吊环位置,采用八个点同步单块起吊的方式,吊运中不得冲撞叠合板。

(4)硬架支模支架系统板的临时支撑应在吊装就位前完成。每块板沿长向在板宽取中加设通长木楞作为临时支撑。所有支柱均应在下端铺垫通长脚手板,当脚手板下为基土时,要整平、夯实。

(5)不得在板上任意凿洞,板上如需打洞,应用机械钻孔,并按设计和图集要求做相应的加固处理。

9. 思考与练习

(1)预制构件的加工流程是怎样的?

(2)预制构件的生产工艺方法包含哪些?

任务 4.2　预制构件的运输与堆放

1. 学习任务

（1）掌握预制构件的运输与堆放施工流程。

（2）了解预制构件的运输与堆放的施工质量控制措施。

2. 预备知识

（1）预制构件主要采用公路汽车运输的方式。叠合板采用随车起重运输车运输，墙板和楼梯等构件采用构件专用运输车和改装后的平板车进行运输。对常规运输货车进行改装时，要在车厢内设置构件专用固定支架，固定牢靠后方可投入使用。

（2）预制叠合板、阳台板、楼梯、梁、柱等构件宜采用平放运输，预制墙板宜在专用支架框内竖向靠放运输。

3. 施工示意（图 4-2）

图 4-2　预制构件的运输示意图

4. 原材料

叠合板、叠合梁、叠合阳台板、预制钢筋混凝土柱、预制雨篷等。

预制构件只有在混凝土强度达到规定时才能运输，在运输过程中，应有可靠和稳定的措施确保构件安全到达现场。

5. 主要施工机具

塔式起重机、运输车、钢卷尺、存放架。

6. 主要施工流程

检查→装车→运输→检查→卸车→堆放→保护。

6.1 检查

预制构件装车前，需要由技术员核对构件编号和数量，确保是施工现场急需的构件，并确认尺寸是否符合要求、外观是否有破损现象。

6.2 装车

预制构件运输时，墙板垂直放置，采用专用的运输架；叠合板水平放置，用专用的运输车装载运输。

6.3 运输

制定运输方案；设计并制作运输架；清查构件；察看运输路线。

6.4 检查

运输到施工现场后，施工技术人员对进场构件进行验收清点，确认运输过程中是否造成构件破损，编号是否正确。

6.5 卸车

采用专用吊架起吊预制构件。起吊时轻起快吊，并注意构件安全。

6.6 堆放

不同构件形式，存放方式不同。

预制构件运至施工现场后，由塔式起重机或汽车起重机按施工吊装顺序有序吊至专用堆放场地内，预制构件堆放必须在构件上加设枕木，场地上的构件应采取防倾覆措施。

1）墙板采用竖放，用槽钢制作满足刚度要求的支架。

2）墙板搁置点应设在墙板底部两端处，堆放场地须平整、结实。

3）墙板搁置点可采用柔性材料，堆放好以后要临时固定，场地做好临时围挡措施。

4）预防因人为碰撞或吊装机械碰撞导致堆场内 PC 构件出现多米诺骨牌式倒塌。堆场构件按吊装顺序交错有序堆放，板与板之间留出一定间隔。

6.7 保护

预制构件堆放场地用防护栏杆进行围挡，避免闲杂人等进入。

7. 质量标准

预制混凝土构件如果在储存环节发生损坏、变形，将会很难修补，既耽误工期又会造成经济损失。因此，大型预制混凝土构件的储存方式非常重要。物料储存要分门别类，按"先进先出"的原则堆放物料，原材料需填写"物料卡"标识，并有相应台账以供查询。对因有批次规定等特殊原因而不能混放的同一物料应分开存放。物料储存要尽量做到"上小下大，上轻下重，不超过安全高度"。物料不得直接放置在地上，必要时加垫板、工字钢、木方或置于容器内，予以保护存放。物料要放置在指定区域，以免影响物料的收发管理。不良品与良品必须分仓或分区储存、管理，并做好相应标识。储存场地应适当保持通风、通气，以保证物料品质不发生改变。

8. 施工要点

（1）预制构件进场后应检查构件的完整性。

（2）预制构件安装后，注意不要随意磕碰、移动。

9. 思考与练习

（1）预制构件的运输路线应如何选择？

（2）预制构件的堆放应遵循什么原则？

参 考 文 献

[1] 中国建筑标准设计研究院 . 装配整体建筑系列标准应用实施指南 [M]. 北京：中国建筑工业出版社，2016.

[2] 李惠玲 . 土木工程施工技术 [M]. 大连：大连理工大学出版社，2017.

[3] 杨正宏 . 装配式建筑用预制混凝土构件生产与应用技术 [M]. 上海：同济大学出版社，2019.

[4] 张金树，王春长 . 装配式建筑预制混凝土构件生产与管理 [M]. 北京：中国建筑工业出版社，2017.

[5] 宋亦工 . 装配整体式混凝土结构工程施工组织管理 [M]. 北京：中国建筑工业出版社，2017.